ポスト冷戦期における
日米防衛支出の実証分析

安藤　潤　著

文眞堂

はしがき

　本書は冷戦期とポスト冷戦期の日本およびアメリカ合衆国（以下，米国）のマクロ経済データを用い，防衛経済学の代表的なモデルを使用して行なった防衛支出の実証分析の結果と政策的インプリケーションをまとめたものである。目的は防衛経済学に関心を持ってくれる研究者を一人でも増やすことである。防衛支出や戦争と経済の関係に関する書籍は日本でも出版されなかったわけではない。むしろ東西冷戦時代の方が今よりも多くの研究者が関心を持っていた。海外では米ソ冷戦終結宣言を受け，1990年には *Defence Economics* 誌（現 *Defence and Peace Economics* 誌）が刊行されたが，反対に日本ではごく一部の研究者を除いて防衛支出をテーマにした研究がほとんどなされなくなった。冷戦が終結したとはいえ，多くの犠牲者を出し，終戦直後の日本経済を大混乱に導いたあの戦争が終わってから50年弱しか経過していなかったにもかかわらずである。本書が提示している実証分析の結果は防衛支出がマクロ経済にどのような影響を及ぼすのかの一部分にすぎない。米国のように比較的大きな防衛産業を国内に持つ国と，そうではない国，たとえば発展途上国とでは需要サイドから見た場合に防衛支出が与える影響は異なるし，同じ先進国である日本と米国でもやはり防衛支出の影響は異なって当然である。使用されているモデルも防衛経済学の先行研究では代表的なモデルではあるが，日進月歩で進む現代の経済理論からすれば「お粗末」と言われても仕方ない。それでも，本当に我々日本人は防衛支出のことを考えなくてよいのか，このまま誰かに引き継がなければ日本で防衛支出を研究する経済学の研究者は一人もいなくなってしまうのではないか——そう危機感を抱いたことが本書を出版しようと思った動機である。

　著者が防衛支出の経済学的分析に関心を持ったのは大学院修士課程1年目の夏である。修士論文のテーマを何にしようかと迷っていたときに東京・新宿にある紀伊国屋書店の洋書コーナーで米国の防衛支出の実証分析を扱った1冊の

英書に出会った。当時すでに米ソ冷戦は終結していたが，そこにあったのはかつて第2次大戦後の西側自由主義陣営を牽引し，群を抜く経済力を誇っていたかつての米国ではなく，ソ連との冷戦にこそ「勝利」したものの経済的には1980年代半ばには純債務国に転落し，経常収支と連邦財政収支のいわゆる双子の赤字に苦しむ米国であった。その一方で過去の反省と日米安全保障条約のもとに防衛負担を軽減させてきた日本は世界第2位のGDPを誇り，巨額の貿易黒字を抱え，世界最大の純債権国として平成バブル経済の余韻に浸っていた。紀伊国屋書店で出会ったその英書は純粋な経済学というよりは計量政治経済学の論文集であったが，本当に米国は大きな防衛負担に疲弊したのだろうか，防衛負担は一国の経済の衰退を招くのだろうかという疑問を抱えていた著者にとっては運命的な出会いだったと言える。それから約1年半後に提出した修士論文が『米国国防支出の経済政策論的研究』であり，博士後期課程在籍中にも日米を中心に数本の防衛経済学の論文を発表することになった。インターネットで簡単に論文検索ができる今とは違い，特に修士課程在籍中は海外のジャーナルに掲載されている論文の参考文献を手掛かりに早稲田大学の中央図書館や高田記念図書館で論文を見つけてはコピーの連続であったが，それも今となっては懐かしい思い出となっている。

　本書のために新たに執筆した第1章，第2章および第2章補論を除き，本書を構成する第3章から第7章までの5つの章と，第6章および第7章の2つの補論の初出は以下の通りである。

第3章：安藤潤（2005）「米国における政府支出と民間消費の代替性に関する防衛経済学的考察——年次及び四半期データを用いたEvans and Karrasモデルの実証分析」『新潟国際情報大学情報文化学部紀要』，第8号，pp.51-75。

第4章：安藤潤（2017）「米国における防衛支出の民間投資クラウディング・アウト効果——四半期データを用いた冷戦期，ポスト冷戦期およびポスト9.11テロ期の比較研究」『新潟国際情報大学国際学部紀要』，第2号，pp.55-71。

第 5 章：安藤潤（2015）「米国における防衛部門経済産出高とマクロ経済成長──Feder モデルの推定とその改善」『新潟国際情報大学国際学部紀要』，創刊準備号，pp.179-188。

第 6 章・第 6 章補論：安藤潤（2016）「米国における防衛部門経済の外部効果──四半期データを用いた冷戦期とポスト冷戦期の比較研究」『新潟国際情報大学国際学部紀要』，創刊号，pp.15-38。

第 7 章・第 7 章補論：安藤潤（2016）「日本における防衛部門経済の外部効果──四半期データを用いた冷戦期とポスト冷戦期の比較研究」『新潟国際情報大学国際学部紀要』，創刊号，pp.39-62。

　本書を出版するにあたり，学部生時代から博士後期課程を終えるまでご指導いただいた諏訪貞夫教授に感謝したい。諏訪先生の専門は日仏の経済政策と実証分析であったが，研究対象を米国にした私に，しかもほとんど防衛経済学などご存知なかったはずにもかかわらず熱心にご指導いただいた。諏訪先生の残された業績にははるか及ばないが，毎週研究室で受けた指導は忘れることができない。また，1996 年 5 月に関西大学で開催された第 53 回日本経済政策学会全国大会自由論題報告で討論者を務めていただいた日本の防衛経済学を代表する研究者であった丹羽春喜大阪学院大学教授（当時）にも感謝したい。本書第 1 章と第 2 章で用いた社会的厚生最大化モデルを用いて日本の防衛支出需要関数を推定し，その結果を報告したのだが，丹羽先生からは「防衛支出を経済政策手段として分析する必要があるのではないか」と指摘されたことを思い出す。あのときの丹羽先生のコメントがその後の研究に影響したことは言うまでもない。本書の出版にあたっては昨年度に続いて新潟国際情報大学国際学部予算から出版助成をいただいた。同予算を認めていただいた新潟国際情報大学国際学部教員の皆さんと学校法人新潟平成学院に心から感謝したい。さらには，本書の出版を引き受けていただいた文眞堂の前野隆さんにも感謝したい。おそ

らく，いや，間違いなく防衛経済学のマーケットは小さい。それがゆえに売れ行きに関する不安は十分に予想されるものである。にもかかわらず前野さんには2年連続で出版を受けていただいた。

　最後に本書を第2次大戦においてフィリピン・カローカン飛行場で戦死した叔父であり早稲田大学の先輩でもある安藤昇と，沖縄戦で亡くなったもう一人の叔父，山本誠一に捧げる。沖縄の平和の礎には2000年に沖縄国際大学で日本経済政策学会が開催されたときに大学院修士課程時代の同級生であり，やはり沖縄戦で親戚を亡くされている渡久地啓沖縄女子短期大学教授に連れていただいた。那覇空港に降り立つ直前に上空から青く輝く沖縄の海を見たとき，なぜこのようなところで多数の犠牲者を出してまで戦争をしなければならなかったのかという思いが浮かび上がったことは忘れられない。また2016年8月にはカローカンへ慰霊の旅に出た。同僚のJulius C. Martinezさんのキャリアの出発点が偶然にもカローカンの学校だったこともあり，ご迷惑を承知でお願いしたところ快諾していただき，雨期で足首までつかるほどに冠水したマニラを案内してくれた。彼がいなければ一人ではとてもカローカンには行けなかったと思う。マルチネスさんには心から感謝したい。フィリピンに立つ前に再放送されたNHK BS1スペシャル『幸せなら手をたたこう～名曲誕生の知られざる物語』で長らく不詳とされてきた同曲の作詞者が実は木村利人早稲田大学名誉教授であることを知った。木村教授は大学院生時代に反日感情が強く残るフィリピンでボランティア活動に従事し，反戦と平和への誓いからこの歌を作ったと聞く。もし生き残っていたら都の西北・早稲田の地で同じ法学部に学んだ叔父もフィリピンの復興に何らかの形でかかわりたかったのではないかと思う。

　現在日本を取り巻く安全保障環境は激変している。米ソの冷戦は終わったものの東アジアの軍事的緊張は今なお続いている。海を隔てた韓国・平昌では冬季五輪が開催されようとしているが，朝鮮半島はいまだ分断されたままであり，昨年から続く北朝鮮による「核ミサイル危機」も解決されていない。そのような中，日本では「武器輸出三原則」もすでに「防衛装備移転三原則」となり，憲法改正が噂され，政府の一般会計予算では防衛関連費の増額が続いている。このような状況下で本書を手にし，一人でも多くの読者に防衛経済学に興

味を持ってもらえれば幸いである。

2018 年 2 月 9 日
歴史的大雪を経験した新潟にて

安藤　潤

目　次

はしがき……………………………………………………………………… i

第1章　社会的厚生最大化モデルを用いた日米防衛支出需要関数の推定 …………………………………………………… 1

1. 序論 ……………………………………………………………………… 1
2. 先行研究 ………………………………………………………………… 2
3. 定式化 …………………………………………………………………… 4
4. 実証分析 ………………………………………………………………… 8
   - 4.1　記述統計 ……………………………………………………… 9
     - 4.1.1　日本 …………………………………………………… 9
     - 4.1.2　米国 …………………………………………………… 10
   - 4.2　単位根検定 …………………………………………………… 12
     - 4.2.1　日本 …………………………………………………… 12
     - 4.2.2　米国 …………………………………………………… 13
   - 4.3　長期的均衡 …………………………………………………… 14
     - 4.3.1　日本 …………………………………………………… 14
     - 4.3.2　米国 …………………………………………………… 16
   - 4.4　共和分分析 …………………………………………………… 17
   - 4.5　ECMの推定結果 ……………………………………………… 18
     - 4.5.1　日本 …………………………………………………… 18
     - 4.5.2　米国 …………………………………………………… 19
5. 結論 ……………………………………………………………………… 21

第2章　冷戦期およびポスト冷戦期における社会的厚生最大化モデルを用いた日米防衛支出需要関数の推定 ………… 23

1. 序論 ……………………………………………………………… 23
  2. 定式化 …………………………………………………………… 23
  3. 実証分析 ………………………………………………………… 24
    3.1 記述統計 …………………………………………………… 24
      3.1.1 日本 …………………………………………………… 24
      3.1.2 米国 …………………………………………………… 26
    3.2 単位根検定 ………………………………………………… 28
      3.2.1 日本 …………………………………………………… 28
      3.2.2 米国 …………………………………………………… 29
    3.3 長期的均衡 ………………………………………………… 30
      3.3.1 日本 …………………………………………………… 30
      3.3.2 米国 …………………………………………………… 33
    3.4 ECM の推定結果 …………………………………………… 36
      3.4.1 日本 …………………………………………………… 36
      3.4.2 米国 …………………………………………………… 38
  4. 結論 ……………………………………………………………… 40

第2章補論　プレディクター・モデルを用いたポスト冷戦期における米国防衛支出需要関数の推定 …… 41

  1. 序論 ……………………………………………………………… 41
  2. プレディクター・モデル ……………………………………… 41
    2.1 推定式の導出 ……………………………………………… 41
    2.2 実証分析 …………………………………………………… 43
  3. 結論 ……………………………………………………………… 46

第3章　日米における政府支出の民間消費代替性・補完性に関する防衛経済学的考察 ……………………… 48

  1. 序論 ……………………………………………………………… 48
  2. 先行研究 ………………………………………………………… 51
  3. 実証分析に際しての主な論点 ………………………………… 55

3.1　耐久消費財と非耐久消費財の不可分性 ………………………… 56
　　3.2　効用関数における時間の不可分性 ………………………………… 57
　　3.3　民間消費と政府支出（政府購入）の不可分性 ………………… 57
　4.　定式化 …………………………………………………………………… 58
　5.　実証分析 ………………………………………………………………… 60
　　5.1　記述統計 …………………………………………………………… 61
　　　5.1.1　日本 …………………………………………………………… 61
　　　5.1.2　米国 …………………………………………………………… 63
　　5.2　単位根検定 ………………………………………………………… 65
　　　5.2.1　日本 …………………………………………………………… 65
　　　5.2.2　米国 …………………………………………………………… 66
　　5.3　長期均衡の推定結果 ……………………………………………… 68
　　　5.3.1　日本 …………………………………………………………… 68
　　　5.3.2　米国 …………………………………………………………… 71
　　5.4　共和分検定 ………………………………………………………… 76
　　　5.4.1　日本 …………………………………………………………… 76
　　　5.4.2　米国 …………………………………………………………… 77
　　5.5　短期均衡の推定結果 ……………………………………………… 78
　　　5.5.1　日本 …………………………………………………………… 78
　　　5.5.2　米国 …………………………………………………………… 79
　6.　結論 ……………………………………………………………………… 85
　Appendices ………………………………………………………………… 88

第4章　日米における防衛支出の民間投資クラウディング・アウト効果の実証分析
　　　　　　―四半期データを用いた冷戦期とポスト冷戦期の比較研究― … 92

　1.　序論 ……………………………………………………………………… 92
　2.　先行研究 ………………………………………………………………… 94
　3.　定式化 …………………………………………………………………… 97
　4.　実証分析 ………………………………………………………………… 98

4.1　記述統計 …………………………………………………… 98
　　4.1.1　日本 ………………………………………………… 98
　　4.1.2　米国 ………………………………………………… 100
　4.2　単位根検定 ………………………………………………… 102
　　4.2.1　日本 ………………………………………………… 102
　　4.2.2　米国 ………………………………………………… 103
　4.3　長期均衡の推定結果 ……………………………………… 105
　　4.3.1　日本 ………………………………………………… 105
　　4.3.2　米国 ………………………………………………… 107
　4.4　Johansen の共和分検定 ………………………………… 111
　　4.4.1　日本 ………………………………………………… 111
　　4.4.2　米国 ………………………………………………… 112
　4.5　ECM の推定結果 ………………………………………… 113
　　4.5.1　日本 ………………………………………………… 113
　　4.5.2　米国 ………………………………………………… 114
5. 結論 …………………………………………………………… 118

第5章　日米における防衛部門経済産出高とマクロ経済成長
　　　　　―Feder-Ram モデルの推定とその改善― ……………… 120

1. 序論 …………………………………………………………… 120
2. 先行研究 ……………………………………………………… 122
3. 定式化 ………………………………………………………… 126
4. 実証分析 ……………………………………………………… 128
　4.1　記述統計 …………………………………………………… 128
　　4.1.1　日本 ………………………………………………… 128
　　4.1.2　米国 ………………………………………………… 129
　4.2　単位根検定 ………………………………………………… 130
　　4.2.1　日本 ………………………………………………… 130
　　4.2.2　米国 ………………………………………………… 131
　4.3　従来の手法による推定結果 ……………………………… 132

4.3.1　日本 …………………………………………………… 132
　　　4.3.2　米国 …………………………………………………… 133
　　4.4　推定上の第1の改善 ……………………………………… 135
　　　4.4.1　日本 …………………………………………………… 135
　　　4.4.2　米国 …………………………………………………… 136
　　4.5　推定上の第2の改善 ……………………………………… 138
　　　4.5.1　日本 …………………………………………………… 138
　　　4.5.2　米国 …………………………………………………… 142
　5.　結論 ……………………………………………………………… 145

第6章　米国における防衛部門経済の外部効果
―四半期データを用いた冷戦期とポスト冷戦期の比較研究―
　……………………………………………………………………… 147

　1.　序論 ……………………………………………………………… 147
　2.　先行研究 ………………………………………………………… 148
　3.　定式化 …………………………………………………………… 150
　4.　実証分析 ………………………………………………………… 152
　　4.1　記述統計 …………………………………………………… 152
　　4.2　単位根検定 ………………………………………………… 154
　　4.3　実証分析の結果 …………………………………………… 155
　　　4.3.1　従来の方法による推定結果 ………………………… 155
　　　4.3.2　改善された手法による推定結果 …………………… 157
　5.　結論 ……………………………………………………………… 162
　Appendix …………………………………………………………… 163

第6章補論　米国における防衛部門経済と経済成長
―四半期データを用いた単純傾斜アプローチからの冷戦期とポスト冷戦期の比較研究―
　……………………………………………………………………… 164

　1.　序論 ……………………………………………………………… 164
　2.　定式化 …………………………………………………………… 164

3. 実証分析 …………………………………………………… 166
　　　　3.1 記述統計 ………………………………………………… 166
　　　　3.2 単位根検定 ……………………………………………… 167
　　　　3.3 推定結果 ………………………………………………… 168
　　　　3.4 δ'_n および δ'_m の単純傾斜 ……………………………… 170
　　　4. 結論 …………………………………………………………… 176
　　　Appendices …………………………………………………… 177

第7章　日本における防衛部門経済の外部効果
—四半期データを用いた冷戦期とポスト冷戦期の比較研究—
……………………………………………………………………… 178

　　　1. 序論 …………………………………………………………… 178
　　　2. 先行研究 ……………………………………………………… 180
　　　3. 定式化 ………………………………………………………… 181
　　　4. 実証分析 ……………………………………………………… 182
　　　　4.1 記述統計 ………………………………………………… 182
　　　　4.2 単位根検定 ……………………………………………… 184
　　　　4.3 実証分析の結果 ………………………………………… 185
　　　　　4.3.1 従来の方法による推定結果 ………………………… 185
　　　　　4.3.2 改善された手法による推定結果 …………………… 187
　　　5. 結論 …………………………………………………………… 193

第7章補論　日本における防衛部門経済と経済成長
—四半期データを用いた単純傾斜アプローチからの冷戦期とポスト冷戦期の比較研究—
……………………………………………… 195

　　　1. 序論 …………………………………………………………… 195
　　　2. 定式化 ………………………………………………………… 195
　　　3. 実証分析 ……………………………………………………… 197
　　　　3.1 記述統計 ………………………………………………… 197
　　　　3.2 単位根検定 ……………………………………………… 198

3.3 推定結果 …………………………………………………………… 199
3.4 δ'_n および δ'_m の単純傾斜 ……………………………………… 201
4. 結論 ………………………………………………………………… 207
Appendices ……………………………………………………………… 208

参考文献 ……………………………………………………………… 209
索引 …………………………………………………………………… 214

第1章

社会的厚生最大化モデルを用いた日米防衛支出需要関数の推定

1. 序論

　本章の目的は Smith（1980b, 1987）による社会的厚生最大化モデルを用いて日米両国の防衛支出需要関数を推定し，両国の防衛支出需要行動と安全保障を明らかにすることである。

　米国の防衛支出需要関数に関する研究は主に冷戦期に積み重ねられてきた。その代表的なものとしては二国対決型のリチャードソン・モデル（Richardson Model）あるいは作用・反作用モデル（Action-Reaction Model），Ostrom (1978)，Majeski (1983)，Ostrom and Marra (1986) によるリアクティヴ・リンケージモデル（Reactive Linkage Model），Nincic and Cusack (1979) によるプレディクター・モデル（Predictor Model），そして Griffin et al.(1982) による地政学モデル（Geo-Political Model）がある。しかし，1989年の米ソ首脳によるマルタ会談を経て1991年末におけるソ連の消滅により冷戦は終結した。その後2001年9月11日に同時多発テロを経験し，それに続くアフガニスタン戦争とイラク戦争を遂行した米国は現在テロによる安全保障上のリスクに直面しており，その意味ではリチャードソン・モデルのような二国対決型の防衛支出需要関数はもはや意味を失っている可能性が高い。その反面，冷戦期に作り上げられた防衛支出需要関数がどの程度ポスト冷戦期の米国の防衛支出需要行動を説明するのかもまた興味深いが，著者の知る限り，なぜか1990年代以降において米国の防衛支出需要関数の推定，あるいはその決定要因に関する実証分析を扱った論文は小坂（1994）を除いて防衛経済学における有力なジャーナルである *Defence and Peace Economics* 誌にも見当たらない[1]。

このような問題意識のもと，本章では21世紀に入ってもなお複数の国の防衛支出需要関数の推定に使用されているSmith（1980b, 1987）の社会的厚生最大化モデルを推定する。同モデルを使用するのはその推定結果から自国の防衛支出，同盟国や敵対国の防衛負担といった当該国の安全保障環境がその安全保障にどのような影響を及ぼすのかに関しての情報が得られるからである。

本章の構成は以下の通りである。次節では主に米国を対象として防衛支出需要関数の推定に関する先行研究が概観される。第3節で社会的厚生最大化モデルの定式化が示された後，第4節において日米両国のマクロ経済データを用いた実証分析が行われ，そして最後に結論が導出される。

2. 先行研究

本章で扱う社会的厚生最大化モデルはSmith（1980b）によって構築されたものである。彼は英国の1951〜1975年におけるマクロ経済データを用いてその防衛支出需要関数を推定し，その結果から英国自身の防衛支出増加はその安全保障を引き上げること，英国の防衛支出は米国の防衛負担（つまり防衛支出の対GDP比）とは有意な負の相関関係を持ち，したがって英国は同盟国である米国のただ乗り国（free-rider）であること，そしてソ連の防衛負担とは有意な正の相関関係を持つことを明かにしている。しかしSmith（1987）ではSmith（1980b）の推定結果から得られた英国の安全保障関数のパラメータを一部修正し，英国自身の防衛支出増加が同国の安全保障を上昇させること，しかしながら米国の防衛負担上昇は英国の安全保障を低下させるのに対してソ連の防衛負担の上昇は英国の安全保障を上昇させるという予想とは反対の符号を示していることを示している。そして社会的厚生最大化モデルを用いた日本の防衛支出需要関数の推定としては安藤（1995b, 1997）がある。冷戦期の1964〜1991年における日本のマクロ経済データを用いた安藤（1995b）では日

---

1 小坂（1994）はリチャードソン・モデルに加え，数学者Zeeman（1977）の議論に端を発するカタストロフ・モデル（Catastrophe Model）を用いて米国の防衛支出需要関数を推定し，政権内におけるハト派優勢基準とタカ派優勢基準を算出している。

本の安全保障を構成する戦略的環境に同盟国としての米国の，潜在的敵国としてのソ連の防衛支出が推定式に組み込まれており，その推定結果は，ドル建てによる米国の防衛支出は被説明変数である日本の防衛支出と有意な負の相関関係を，ドル建てによるソ連の防衛支出は被説明変数と正の相関関係を持ち，日本は対米「ただ乗り」的防衛支出需要行動をとること，つまり，米国の防衛支出増加は日本の防衛支出を減少させ，それを通じて自国の安全保障を低下させるのに対してソ連の防衛支出（推定値）の増加は日本の防衛支出増加を通じてその安全保障を上昇させることを明らかにしている[2]。安藤（1995b）では同時期の西ドイツ（当時）と英国のマクロ経済データを用いた社会的厚生最大化モデルの推定も行われている。その結果は，西ドイツについてはマルク建てによる米国とソ連それぞれの防衛支出を同時に説明変数としてモデルに組み込んだ場合には，その防衛支出需要行動は対米「ただ乗り」的で米国の防衛支出増加は自国の防衛支出を減少させ，それを通じて西ドイツの安全保障を低下させるが，ソ連の防衛支出増加は西ドイツの防衛支出を増加させ，それを通じて自国の安全保障を上昇させることを明かにしている。このことはポンド建てによる米国とソ連の防衛支出を同時にモデルに組み込んで推定した英国についても同様である。さらに安藤（1997）は防衛関連費の対民間財政収支を用い，季節調整を行って四半期データを作成し，やはり社会的厚生最大化モデルを推定している。推定期間を(1) 1970 年代，(2) 1980 年代前半および(3) 1980 年代後半～1992 年第 4 四半期に分けて行った実証分析の結果，日本の防衛支出需要行動は 70 年代は Smith（1980b）がいうところの対米「ただ乗り」的，80 年代以降についてはソ連崩壊前は対米協調的，ソ連崩壊後は対米「ただ乗り」的行動をとっていたこと，日本の防衛支出拡大は 3 期間すべてにおいて日本の安全保障の上昇要因であったこと，米国の防衛支出拡大は 70 年代と 80 年代後半からソ連崩壊までは日本の安全保障の低下要因，80 年代前半とソ連崩壊以降はその上昇要因であったことを明らかにし，年次データを用いた場合と異なって，日本の防衛支出需要行動は経時的に変化してきた可能性があることを指摘

---

2 ただし米国およびソ連それぞれの防衛支出を同時に推定式に組み込んだ場合には推定係数の符号は不変であるもののともに有意ではなくなる。

している。Sezgin and Yildirim (2002) は1951～1998年のトルコのデータを用い，誤差修正モデル（ECM）により同国の防衛支出需要要因を実証的に分析し，短期均衡においても長期均衡においても同国はNATO（北大西洋条約機構）の防衛負担と協調的な防衛支出需要行動をとること，短期均衡においては対立国のトルコの防衛負担に対抗的な防衛支出需要行動をとるが長期均衡においてはギリシャの防衛負担はトルコの防衛支出需要に何ら影響を及ぼさないこと，所得（GDP）の増加率は防衛支出需要水準に影響しないこと，そして誤差修正モデルがトルコの防衛支出需要関数を推定する際には有用であることを明らかにしている。Solomon (2005) は社会的厚生最大化モデルを応用し，カナダの1952～2001年のデータを用いて誤差修正モデルによって防衛支出需要関数を推定し，短期均衡および長期均衡において同国の防衛支出需要行動はNATOの防衛支出に協調的であるが米国の防衛支出には何ら影響を受けないこと，民生支出に対する防衛支出の相対価格の制約を受けること，民生支出とはトレード・オフの関係にあること，そして誤差修正モデルがカナダの防衛支出需要関数を推定するにあたっては有用であることを明らかにしている。Abdelfattah *et al.*(2014) は1960～2009年のエジプトのデータを用い，同国の防衛負担／防衛支出需要関数を推定して所得の増加が同国の防衛負担や防衛支出を減少させること，敵対するイスラエルの防衛負担と防衛支出の増加がエジプトのそれらを増加させること，そして友好的関係を持つアラブ諸国の防衛負担と防衛支出の増加と協調的な防衛負担／防衛支出需要行動をとることを明らかにしている。

3. 定式化

一国の社会的厚生をWとし，これがその国の安全保障Sと民生部門産出高Cの関数として以下のように表すことができるとする。

$W = W(S, C)$　　(1.1)

ここで安全保障Sは他国に攻撃される可能性からどれだけ自由であるかという認識に基づく国民の主観的な「心の平和の状態」のようなものと考える。

このように認識される安全保障 S は潜在的敵国と同盟国の軍事支出に関する何らかの指標とにより表される戦略的環境 E と，その条件下での自国の防衛支出によって生み出されるとする。かくしてこのような Smith（1980b）の安全保障観に基づけば安全保障関数 S は以下のように表すことができる。

$$S = S(M, E) \quad (1.2)$$

上式において M は自国政府の実質防衛支出である。

最後に，一国の総産出高 Y は民生部門産出高 C と防衛部門産出高 M から構成されるので，

$$Y = pC + qM \quad (1.3)$$

と表される。ここで Y は名目国内総生産，p および q はそれぞれ民生部門産出高と防衛部門産出高のデフレータである。

(1.10)を(1.9)に代入して，

$$W = W(S(M, E), C) \quad (1.4)$$

となる。よって一国の防衛費は(1.11)のもとで(1.12)を最大化する，つまり，ラグランジュ関数

$$L = W(S(M, E), C) - \lambda(Y - pC - qM) \quad (1.5)$$

を最大化するよう需要される。

さて，ここでラグランジュ関数 L が最大となる一階の条件は

$$\frac{\partial L}{\partial M} = \frac{\partial W}{\partial S} \frac{\partial S}{\partial M} + \lambda q = 0 \quad (1.6)$$

かつ

$$\frac{\partial L}{\partial E} = \frac{\partial W}{\partial S} \frac{\partial S}{\partial E} = 0 \quad (1.7)$$

かつ

$$\frac{\partial L}{\partial C} = \frac{\partial W}{\partial C} + \lambda q = 0 \quad (1.8)$$

かつ

$$\frac{\partial L}{\partial \lambda} = -(Y - pC - qM) = 0 \quad (1.9)$$

である。ここで，

$$\frac{\partial W}{\partial S} = W_S \quad (1.10)$$

$$\frac{\partial S}{\partial M} = S_M \quad (1.11)$$

$$\frac{\partial W}{\partial C} = W_C \quad (1.12)$$

とすると，(1.6)および(1.8)はそれぞれ

$$W_S S_M = -\lambda q \quad (1.13)$$
$$W_C = -\lambda q \quad (1.14)$$

と表すことができる。(1.13)を(1.14)で割れば

$$\frac{W_S S_M}{W_C} = \frac{q}{p} \quad (1.15)$$

これより

$$\frac{W_S}{W_C} = \frac{q}{p} \frac{1}{S_M} \quad (1.16)$$

が得られ，これが最大化の条件となる。

ところでSmith (1980)は社会的厚生関数 W と安全保障関数 S をそれぞれ以下のような CES 型関数とコブ＝ダグラス型関数を仮定している。

$$W = A[dC^{-a} + (1-d)S^{-a}]^{-\frac{1}{a}} \quad (1.17)$$

$$S = BM^b E^c \quad (1.18)$$

さて，(1.17) より

$$W_S = A(-a)(1-d)S^{-a-1}[dC^{-a} + (1-d)S^{-a}]^{-\frac{1}{a}-1} \quad (1.19)$$

$$W_c = A(-a)dC^{-a-1}[dC^{-a} + (1-d)S^{-a}]^{-\frac{1}{a}-1} \quad (1.20)$$

である。この2式より

$$\frac{W_S}{W_C} = \frac{1-d}{d}\left[\frac{C}{S}\right]^{a+1} \quad (1.21)$$

が得られる。ここで (1.18) の両辺の自然対数をとると

$$lnS = lnB + blnM + clnE \quad (1.22)$$

である。

$$\frac{\partial lnS}{\partial lnM} = \frac{\partial S}{S}\frac{M}{\partial M} = S_M\left(\frac{M}{S}\right) = b \quad (1.23)$$

より

$$S_M = bSM^{-1} \quad (1.24)$$

(1.19)と(1.20)を(1.21)に代入して

$$\frac{1-d}{d}\left(\frac{C}{S}\right)^{a+1} = \left(\frac{q}{p}\right)\left(\frac{1}{bSM^{-1}}\right) = \left(\frac{q}{p}\right)b^{-1}S^{-1}M \quad (1.25)$$

さらに上式の両辺の対数をとると

$$ln\left(\frac{1-d}{d}\right) + (a+1)(lnC - lnS) = ln\left(\frac{q}{p}\right) - lnb - lnS + lnM \quad (1.26)$$

(1.22)を(1.26)に代入して lnS を消去し，整理すると

$$lnM = \left[\frac{ln\left(\frac{1-d}{d}\right) + lnb - alnB}{1+ab}\right] + (1+ab)lnC + \left(\frac{-1}{1+ab}\right)ln\frac{q}{p}$$

$$+ \left(\frac{-ac}{1+ab}\right)lnE \quad (1.27)$$

が得られる。

さて，一国の安全保障上の戦略的環境を構成する指標として Smith (1980) と同じく当該国の同盟国と潜在的敵国の防衛費の対 GDP 比を採用し，

$$E^c = X^{c1}Y^{c2} \quad (1.28)$$

と表すこととする。ここで X は同盟国の防衛費の対 GDP 比，Y は潜在的敵国のそれである。

(1.28)の両辺の対数をとり，lnE を(1.27)に代入して

$$lnM = \left[\frac{ln\left(\frac{1-d}{d}\right) + \ln b - alnB}{1+ab}\right] + (1+ab)lnC + \left(\frac{-1}{1+ab}\right)ln\frac{q}{p}$$

$$+ \left(\frac{-ac_1}{1+ab}\right)lnX + \left(\frac{-ac_2}{1+ab}\right)lnY \quad (1.29)$$

を得る。さらにここで次のような部分調整モデルを考慮する。

$$\left[\frac{M}{M_{-1}}\right] = \left[\frac{M^*}{M_{-1}}\right]^r \quad (1.30)$$

この(1.30)から

$$lnM^* = \frac{1}{r}lnM - \frac{1-r}{r}lnM_{-1} \quad (1.31)$$

が得られる。この M^* は (1.36) より与えられる均衡水準の防衛支出であるから、(1.30) の lnM^* を (1.29) に代入して整理し、攪乱項 ε を加えれば最終的に次のような防衛支出需要関数が得られる。

$$lnM = \left[\frac{ln\left[\frac{1-d}{d}\right] + lnb - alnB}{1+ab}\right]r + \left[\frac{(1+a)r}{1+ab}\right]lnC + \left[\frac{-r}{1+ab}\right]ln\frac{q}{p}$$
$$+ \left[\frac{-rac_1}{1+ab}\right]lnX + \left[\frac{-rac_2}{1+ab}\right]lnY + (1-r)lnM_{-1} + \varepsilon \quad (1.32)$$

ここで ε は誤差項であり、ln は自然対数を表す。

ここで防衛支出と非防衛支出は予算制約のもとでトレード・オフの関係にあると考えられるので第1変数の符号条件は負である。非防衛財・サービスに対する防衛財・サービスの相対価格を表す第2変数はその相対価格の上昇が防衛費を抑制するものと考えられるので符号条件は負である。潜在的敵国の防衛支出対GDP比は当該国の防衛支出を増加させると考えられる一方、同盟国のそれは米国が同盟国と協調的な行動をとる場合と同盟国に「ただ乗り」する場合とが考えられる。したがって第3変数の符号は正負いずれも予想されるのに対し、第4変数の符号は正であると考えられる。第5変数の符号条件は正である。

4. 実証分析

本節で推定されるのは (1.32) 式を改めて書き直した以下の (1.33) 式である。

$$lnM = \alpha_1 + \alpha_2 lnC + \alpha_3 ln(q/p) + \alpha_4 lnSPILL + \alpha_5 lnTHREAT + \alpha_6 lnM_{-1} + \varepsilon \quad (1.33)$$

本節では日米の時系列データを用いて実証分析を行うため,まず単位根検定を行う必要がある。被説明変数と説明変数がともに単位根を持つとき,その推定結果は見せかけの回帰である可能性がある。そこで本章ではまず拡張版Dickey-Fuller 検定(ADF 検定)で推定に使用する説明変数と被説明変数とが次数 0 で単位根ありとの帰無仮説を棄却できるかを検証する。もし同帰無仮説が棄却されなければ(1.33)式の推定結果から Engle and Granger(1989)の方法で ADF 検定により誤差項の単位根検定を行う。誤差項が次数 0 で単位根ありとの帰無仮説を棄却できて定常であると判断できれば変数間に共和分関係が存在すると考え,以下で表される(1.33)式の1階の階差をとって1期前における(1.33)式の誤差項を誤差修正項(ECT)として説明変数に加えた誤差修正モデル

$$\Delta lnM = \beta_1 + \beta_2 \Delta lnC + \beta_3 \Delta ln(q/p) + \beta_4 \Delta lnSPILL + \beta_5 \Delta lnTHREAT$$
$$+ \beta_6 \Delta lnM_{-1} + \delta ECT_{-1} + u \quad (1.34)$$

を推定して短期的均衡関係と長期的均衡関係を分析する。ここで ECT_{-1} は(1.33)式における1期前の誤差,u は(1.34)式における誤差項であり,Δ は1階の階差を,添え字の -1 は1期前を表している。

4.1 記述統計
4.1.1 日本

表 1.1 記述統計(日本)

変数	1980-2009 年度 (n=30)			
	最小値	最大値	平均値	標準偏差
lnM_J	7.966	8.538	8.384	0.167
lnC_J	12.656	13.256	13.020	0.179
$ln(q/p)_J$	4.554	4.728	4.605	0.042
$lnMA_{-1}$	-3.199	-2.507	-2.843	0.238

(注)ln は自然対数を表す。
(出所)筆者作成。

日本の記述統計は表 1.1 に示されている。日本と米国は日米安全保障条約を

締結し，相互に同盟国であると考えられるため日本については米国の1期前における防衛支出の対GDP比，つまり防衛負担 MA_{-1} を $SPILL$ として用いている。冷戦期における日本の潜在的敵国としてはソ連が考えられるが，ポスト冷戦期では日本の安全保障環境はより一層複雑かつ多様になっているため，推定式から $THREAT$ を省いている。使用したデータは，防衛支出については財務省（http://www.mof.go.jp/）の『財務統計』「第20表　昭和42年度以降主要経費別分類による一般会計歳出予算現額及び決算額」，民生支出（非防衛支出）および相対価格に関しては，内閣府（http://www.cao.go.jp/）による『2009（平成21）年度　国民経済計算確報（2000年基準・1993SNA）（http://www.esri.cao.go.jp/jp/sna/data/data_list/kakuhou/files/h10/12annual_report_j.html）を用い，防衛支出の実質化には政府最終消費支出デフレータに0.75の，公的総固定資本形成デフレータに0.25のウェイトを与えた加重平均値とする西川（1984）のデフレータを用いた。米国の防衛負担については同国商務省経済統計局（BEA：https://www.bea.gov/）による"National Income and Product Account（NIPA）"の"Interactive Data"から取得した防衛支出とGDPのデータから作成した。したがって日本の安全保障に関する戦略的環境 E^c_J は

$$E^c_J = MA_{-1}{}^c \quad (1.35)$$

によって表されることとなる。ここで MA_{-1} は米国の1期前の防衛負担である。

4.1.2　米国

表1.2　記述統計（米国）

変数	1980−2010年（$n=31$）			
	最小値	最大値	平均値	標準偏差
lnM_A	6.045	6.701	6.385	0.158
lnC_A	8.701	9.559	9.173	0.291
$ln(q/p)_A$	−0.102	0.016	−0.054	0.039
$lnMJ_{-1}$	−0.064	0.008	−0.018	0.019
$lnMN_{-1}$	0.206	0.501	0.365	0.099

（注）ln は自然対数を表す。
（出所）筆者作成。

4. 実証分析

米国の記述統計は表1.2に示されている。米国の同盟国としては日本と北大西洋条約機構（NATO）を考え，両者の1期前における防衛負担を $SPILL$ として用いる。ポスト冷戦期では米国の安全保障環境もより一層複雑になっているため，日本の場合と同様に推定式から $THREAT$ を省いた。米国のデータはBEAによる"National Income and Product Account（NIPA）"の"Interactive Data"から取得した。1期前における日本の防衛負担を算出するにあたり財務省の『財務統計』「第20表　昭和42年度以降主要経費別分類による一般会計歳出予算現額及び決算額」の「防衛関連費」と内閣府の『2009（平成21）年度　国民経済計算確報（2000年基準・1993SNA）（http://www.esri.cao.go.jp/jp/sna/data/data_list/kakuhou/files/h10/12annual_report_j.html）を使用した。防衛支出の実質化には上で述べたように西川（1984）のデフレータを用いている。またNATOの防衛負担については，ストックホルム国際平和研究所（SIPRI : https://www.sipri.org/）が公表している"SIPRI Military Expenditure Database"から得られた当該年のNATO加盟国すべての防衛負担推定値の平均値を使用した[3]。冷戦期の推定期間を1981年から2010年までとしているのは上記『国民経済計算』を利用して得られる日本の防衛負担が1980年度から2009年度までだからである。したがって米国の安全保障に関する戦略的環境 E^c_A は

$$E^c_A = MJ_{-1}^{c1} MN_{-1}^{c2} \quad (1.36)$$

によって表されることとなる。ここで MJ_{-1} および MN_{-1} はそれぞれ1期前の日本とNATOの防衛負担である。

---

[3] NATOの防衛負担平均値を算出するにあたってはアイスランドのみ除かれている。これはアイスランドの防衛支出がきわめて小さいことからSIPRIも推定値を掲載していないことによる。

4.2 単位根検定
4.2.1 日本

表1.3 ADF検定の結果（日本）

変数	次数	定数項なし トレンドなし	定数項あり トレンドなし	定数項あり トレンドあり
		1980－2009年度		
lnM_J	0	0.843	-8.994 ***	-2.195
	1	-2.337 *	—	-5.013 **
lnC_J	0	2.020	-3.011 *	-1.103
	1	-2.266 *	—	-3.741 *
$ln(q/p)_J$	0	1.701	3.640	0.098
	1	-2.415 *	-2.929 †	-4.299 *
$lnMA_{-1}$	0	0.087	-1.626	-1.671
	1	-1.881 †	-1.852	-1.622
	2	—	-4.977 ***	-5.133 **

（注）表中の***，**，*および†は各変数が単位根を持つとの帰無仮説を当該次数においてそれぞれ0.1%，1%および5%で棄却できることを表している。

　日本の被説明変数および説明変数の単位根検定の結果は表1.3に示されている。単位根検定としてはADF検定を用い，定数項・トレンドともになし，定数項あり・トレンドなし，定数項・トレンドともにありの3種類の検定を行った。表1.3において3種類すべてのADF検定の結果で単位根ありとの帰無仮説を棄却できた変数はない。ただし米国の1期前の防衛負担については定数項あり・トレンドなしの場合と両者がともにある場合において同帰無仮説を棄却できているが，それらは次数1ではなく次数2においてである。

4.2.2 米国

表 1.4 ADF 検定の結果（米国）

変数	次数	定数項なし トレンドなし	定数項あり トレンドなし	定数項あり トレンドあり
		1980−2010 年		
lnM_A	0	0.527	-2.028	-2.726
	1	-1.644 †	-1.708	-1.656
	2	―	-4.777 ***	-4.791 **
lnC_A	0	2.795	-1.302	-1.491
	1	-1.991 *	-3.644 *	-3.849 *
$ln(q/p)_A$	0	-0.604	0.053	-0.712
	1	-3.617 ***	-0.730	-4.399 **
	2	―	-1.969	―
$lnMJ_{-1}$	0	-0.211	-0.945	-1.857
	1	-3.385 **	-3.388 *	-3.690 *
$lnMN_{-1}$	0	-4.534 ***	0.950	-2.690
	1		-3.797 **	-4.064 *

（注）表中の ***，**，* および † は各変数が単位根を持つとの帰無仮説を当該次数においてそれぞれ 0.1％，1％ および 5％ で棄却できることを表している。

　米国の被説明変数および説明変数の単位根検定の結果は表 1.4 に示されている。ここでも単位根検定としては ADF 検定を用い，定数項・トレンドともになし，定数項あり・トレンドなし，定数項・トレンドともにありの 3 種類の検定を行った。表 1.4 における 3 種類すべての ADF 検定の結果は次数 0 で単位根ありとの帰無仮説を棄却できる変数がないことを示している。ただし防衛支出については定数項あり・トレンドなしの場合と両者がともにある場合において同帰無仮説を棄却できているが，それらは次数 1 ではなく次数 2 においてである。

4.3 長期的均衡
4.3.1 日本

表 1.5　長期的均衡の推定結果（日本，OLS，$n=29$）

推定期間	1981－2009 年度	
説明変数	推定係数	t 値
定数項	1.243	4.431 ***
lnC_J	0.194	1.801 †
$ln(q/p)_J$	−0.353	−2.761 *
$lnMA_{-1}$	−0.010	−0.729
$lnM_{J,-1}$	0.742	7.815 ***
a		−0.450
b		0.600
c		−0.063
adj. R^2		0.996
SE		0.010
DW		1.905
BG_{LM}		0.183
JB		0.928
BP_{Hetero}		1.826
F		1614.814 ***

（注）表中の***，* および † はそれぞれ 0.1％，5％および 10％で有意であることを表している。

　表 1.5 には日本の (1.33) 式の最小二乗法（OLS）による推定結果が示されている。表中の *adj. R^2* は自由度修正済み決定係数，*SE* は標準誤差，*DW* は Durbin-Watson 検定統計量，BG_{LM} は次数を 2 とする誤差項の系列相関を検定する Breusch-Godfrey のラグランジュ乗数（LM）検定統計量，*JB* は誤差項の正規分布を検定する Jarque-Bera 検定統計量，BP_{Hetero} は誤差項の均一分散を検定する Breusch-Pagan 検定統計量，*F* は F 検定統計量である。Durbin-Watson 検定統計量から誤差項に 1 次の系列相関がないとの帰無仮説を 5％でも棄却できない。Breusch-Godfrey の LM 検定の結果により誤差項に 2 次の系列相関なしとの帰無仮説を棄却することができない。また Jarque-Bera 検定統計量は誤差項の分散が正規分布であるとの帰無仮説を棄却していない。さらに Breusch-Pagan 検定統計量は分散は均一であるとの帰無仮説を棄却していない。F 検定統計量はすべての説明変数の係数が 0 であるとの帰無

仮説を 0.1％水準で棄却している。民生支出は 10％水準で有意な正である。Smith（1980b）は民生支出の符号条件を負としているが，日本は長らく「防衛費対 GNP 比 1％」の制約を受け，多少の変動はあったものの基本的にこれに近い比率を常に維持してきたことを考えるならば防衛支出が民生支出とともに成長してきたことは何ら不思議なことではなく，むしろ日本の場合の符号条件は正であると考えることができる。相対価格は符号条件を満たして有意であり，日本の防衛支出需要行動が価格制約を受けていたことを表している。同盟国である米国の防衛負担の推定係数は負であるが有意ではない。

推定結果から a，b および c を算出して日本の防衛支出とその同盟国である米国の防衛負担が日本の安全保障にどのような影響を及ぼすかを見ておこう。予想される符号は a は不明，b と c は正と考えられる。a は -0.45 である。b は 0.60 なので日本の防衛支出の 1％増加は自国の安全保障環境を 0.60％上昇させることを表している。また c は -0.06 であり，同盟国である米国の防衛負担の 1％上昇は日本の安全保障環境を 0.06％低下させることを表している。ただしこの c を計算するのに必要な米国の防衛負担の推定係数が有意には 0 と異ならなかった点には注意が必要である。

4.3.2 米国

表 1.6 長期的均衡の推定結果（米国，OLS，$n=30$）

推定期間	1981－2010 年	
説明変数	推定係数	t 値
定数項	2.708	2.264 *
lnC_A	-0.261	-1.996 †
$ln(q/p)_A$	1.065	6.962 ***
$lnMJ_{-1}$	1.588	3.400 **
$lnMN_{-1}$	-0.710	-1.784 †
$lnM_{A,-1}$	1.009	23.845 ***
a		-0.755
b		1.314
c_1		-1.976
c_2		0.884
adj. R^2		0.975
SE		0.023
DW		1.482
BG_{LM}		3.527
JB		1.394
BP_{Hetero}		3.605
F		227.645 ***

(注) 表中の***，**，*および†はそれぞれ0.1％，1％，5％および10％で有意であることを表している。

冷戦期とポスト冷戦期における米国の (1.33) 式のOLSによる推定結果は表 1.6 に示されている。Durbin-Watson 検定統計量からは誤差項に 1 次の系列相関がないとの帰無仮説を棄却できるかどうか判断できず，Breusch-Godfrey の LM 検定の結果により誤差項に 2 次の系列相関なしとの帰無仮説を棄却することができない。また Jarque-Bera 検定統計量は誤差項の分散が正規分布であるとの帰無仮説を棄却していない。さらに Breusch-Pagan 検定統計量は分散は均一であるとの帰無仮説を棄却していない。F 検定統計量はすべての説明変数の係数が 0 であるとの帰無仮説を 0.1％水準で棄却している。民生支出の推定係数は有意な負である。相対価格は符号条件を満たさず 0.1％水準で有意であり，米国には価格制約がきかず，むしろ相対価格が上昇しても防衛財・サービスを購入していることを表している。同盟国の日本の防衛負担は有意な

正であり，日本と協調的な防衛支出需要行動をとっていたことがわかる。その一方，NATO の防衛負担は 10％で有意な負であり「ただ乗り」行動をとっていたことが示されている。

米国の防衛支出，日本および NATO の防衛負担の米国の安全保障環境に対する弾性値を見ておこう。a は日本と同様に負で -0.76 である。b は 1.31 なので米国の防衛支出の 1％増加は自国の安全保障環境を 1.31％上昇させることを表している。また c_1 は -1.98 であり，同盟国である日本の防衛負担の 1％上昇は米国の安全保障環境を 1.98％だけ低下させることを表している。これに対して c_2 は 0.88 であり，NATO の防衛負担の 1％上昇は米国の安全保障を 0.88％上昇させることを表している。

4.4 共和分分析

表 1.7 誤差項の ADF 検定の結果

	定数項あり トレンドなし	定数項あり トレンドあり
日本	-4.866 **	-4.766 **
米国	-3.990	-3.914

(注) 表中の ** は 5％水準で単位根ありとの帰無仮説を棄却できることを表している。ただし同表では定数項とトレンドがともにない単位根検定の有意水準は示されていない。

(出所) Davidson and MacKinnon (1993, Table 20.2)

ここで Engle and Granger (1989) の方法で共和分検定を行なう。(1.33) 式の日米それぞれの推定結果の誤差項について単位根検定を行った。その ADF 検定の結果は表 1.7 に示されている。この誤差項の単位根検定には Davidson and MacKinnon (1993, p.722) の Table 20.2 が用いられるが，そこに示されている臨界値は ADF 検定よりも厳しく設定されている。日本の ADF 検定の結果は定数項あり・トレンドなしであれ定数項とトレンドともにありの場合であれ 1％水準で単位根ありとの帰無仮説を棄却しており，誤差修正項を考慮する必要があることを示している。米国の場合は 2 種類の ADF 検定の結果はともに単位根ありとの帰無仮説を棄却していない。

4.5 ECM の推定結果
4.5.1 日本

表 1.8　ECM の推定結果（日本, OLS, $n=28$）

推定期間	1982—2009 年度	
説明変数	推定係数	t 値
定数項	0.000	−0.019
$\Delta ln C_J$	0.330	3.003 **
$\Delta ln(q/p)_J$	−0.402	−1.723 †
$\Delta ln MA_{-1}$	0.016	0.406
$\Delta ln M_{J,-1}$	0.641	4.437 ***
$ECT_{J,-1}$	−0.899	−3.464 **
a		−0.181
b		0.597
c		0.219
$adj. R^2$		0.781
SE		0.010
DW		1.670
BG_{LM}		5.598
JB		1.184
BP_{Hetero}		10.571
F		3.737 *

（注）表中の***, **, *および†はそれぞれ 0.1%, 1%, 5%および 10%で有意であることを表している。

　日本のOLSによるECMの推定結果は表1.8に示されている。Durbin-Watson 検定統計量からは誤差項に1次の系列相関がないとの帰無仮説を棄却できるかどうか判断できず，Breusch-Godfrey のLM検定の結果により誤差項に2次の系列相関なしとの帰無仮説を棄却することができない[4]。またJarque-Bera検定統計量は誤差項の分散が正規分布であるとの帰無仮説を棄却していない。さらに Breusch-Pagan 検定統計量は分散は均一であるとの帰無仮説を棄却していない。F検定統計量はすべての説明変数の係数が0であるとの帰無仮説を5%水準で棄却している。ECTは1%で有意な負であり，ECTを考慮したECMを推定することが重要であることを示している。民生支出の

4　ただしこの帰無仮説は 10%水準では棄却できる。

第1階差は1%水準で有意な正である。相対価格の第1階差は符号条件を満たして10%水準で有意である。米国の防衛負担の第1階差は有意ではない。前期の日本の防衛支出の第1階差は0.1%で有意である。自由度修正済み決定係数はともに0.7を上回って本モデルの説明力の高さを示している。

短期的均衡から得られた日本の安全保障関数について述べておこう。日本の防衛支出の第1階差が1%増加するとその安全保障環境を0.60%改善する。米国の防衛負担の第1階差が1%上昇したとき日本の安全保障環境0.22%上昇することになるが，このcを計算するのに必要な米国の防衛負担の第1階差の推定係数が有意には0と異ならなかった点には注意が必要である。

4.5.2 米国

表1.9 ECMの推定結果（米国，OLS，$n=29$）

推定期間	1982−2010年	
説明変数	推定係数	t値
定数項	0.009	0.826
$\Delta ln C_A$	−0.489	−2.480 *
$\Delta ln(q/p)_A$	0.534	1.464
$\Delta ln MJ_{-1}$	1.095	1.743 †
$\Delta ln MN_{-1}$	−0.524	−0.853
$\Delta ln M_{A,-1}$	0.977	6.958 ***
$ECT_{A,-1}$	−0.721	−2.579 *
a		−0.084
b		12.461
c_1		−24.484
c_2		11.707
adj. R^2		0.745
SE		0.022
DW		1.689
BG_{LM}		2.889
JB		8.402
BP_{Hetero}		28.465
F		14.666 ***

（注）表中の***，**および*はそれぞれ0.1%，1%および5%で有意であることを表している。

表1.7では米国の(1.33)式の推定式から得られた誤差項に単位根ありとの帰無仮説を10％水準でも棄却できなかったが，Davidson and MacKinnon (1993, p.722) の Table 20.2 における説明変数が5個の場合の10％水準の臨界値は定数項あり・トレンドなしが−4.13，定数項とトレンドともにありの場合が−4.43であるので少なくとも前者の場合はほぼ10％水準で有意に単位根ありとの帰無仮説を棄却できると考えることができる。よって米国についてもECMを推定する。(1.33)式の1階の階差をとったECMのOLSによる推定結果は表1.9に示されている。Durbin-Watson検定統計量からは誤差項に1次の系列相関がないとの帰無仮説を棄却できるかどうか判断できず，Breusch-GodfreyのLM検定の結果により誤差項に2次の系列相関なしとの帰無仮説を棄却することができない[5]。またJarque-Bera検定統計量は誤差項の分散が正規分布であるとの帰無仮説を棄却していない。さらにBreusch-Pagan検定統計量は分散は均一であるとの帰無仮説を棄却していない。F検定統計量はすべての説明変数の係数が0であるとの帰無仮説を5％水準で棄却している。ECTは5％で有意な負である。このことは米国についてもECTを考慮したECMを推定することが重要であることを支援している。民生支出の第1階差は5％水準で有意な負である。相対価格の第1階差はここでも正の符号を示している。同変数は10％水準では有意ではないがそのt値は1.4を超えて被説明変数と弱い相関関係を示している。日本の防衛負担の第1階差は10％水準で有意な正であり，米国が日本と協調的な防衛支出需要行動をとっていたことがわかる。NATOの防衛負担の第1階差は負であり，米国がNATOの「ただ乗り」国であることを表しているが有意ではない。自国の防衛支出の第1階差は0.1％水準で有意である。

　短期的均衡における米国の防衛支出と，日本およびNATOの防衛負担が米国の安全保障環境にどのような影響を与えるかについてまとめておこう。米国の防衛支出の第1階差が1％増加することによりその安全保障は12.46％上昇する。同盟国である日本の防衛負担の第1階差が1％増加すると米国の安全保障は24.48％も低下する。反対にNATOの防衛負担が1％上昇すれば米国の安

5　ただしこの帰無仮説も10％水準では棄却できる。

全保障 11.71％改善する。もっとも，この c を計算するのに必要な NATO の防衛負担の第 1 階差の推定係数が有意には 0 と異ならなかった点には注意が必要である。

5. 結論

本章では日米の防衛支出需要関数として社会的厚生最大化モデルを冷戦期とポスト冷戦期に分けて推定した。そこから明らかになったのは以下の点である。

第 1 に，日米両国ともにその防衛支出需要関数を推定するにあたっては誤差修正モデルを推定することが重要であることが明らかにされた。第 2 に，日本は同盟国である米国の防衛負担が上昇しても日本の安全保障には影響を与えないと考えられることが明らかになった。長期的均衡であれ短期的均衡であれ米国の防衛負担の推定係数は有意に 0 とは異ならず，日本の安全保障環境に対する弾性値 c は 0 と考えられるからである。第 3 に，日本の防衛負担上昇は米国の安全保障を低下させることが明らかにされた。第 4 に，日本の防衛支出需要行動が民生財・サービスに対する防衛財・サービスの相対価格の制約を受けるのに対して米国はその制約を受けず，むしろ相対価格が上昇しても防衛支出需要は増加することが明らかにされた。そして第 5 に，日本はしばしば指摘されるような米国のフリー・ライダー（ただ乗り国）でもなく，またフォロワー（追従国）でもないのに対して米国は日本のフォロワーであることが明らかにされた。

ただし，本章における推定期間は冷戦期とポスト冷戦期の両方を含んでおり，冷戦終結を境に構造変化が起こっている可能性があることには注意が必要である。米国は BEA が 1929 年から一貫したデータを NIPA で公表しているのに対し，日本の場合は国民経済計算推計において SNA を変更する際にしばしば公表される期間が変更され，その結果一貫した推計方法による長期的なデータを入手できなくなることがある。本章でも日本の推定期間が 2009 年度まで，米国のそれが 2010 年までとなったのは日本の最新のデータを入手しよ

うとすると1994年度からしか入手できなくなるからである。また，米国はその同盟国である日本の防衛負担増がかえって自国の安全保障を低下させるという結果が得られた点についても注意が必要である。本当に日本の防衛負担増が米国の安全保障を上昇させるのか，それとも低下させるのが正しいのかは明言できないが，Smith（1987）でもやはり米国の防衛負担増は英国の安全保障を低下させるとの結果が得られており，そもそも本モデルに何らかの欠点や限界がある可能性がある。

　テロに代表されるようにポスト冷戦時代における各国の安全保障をめぐる環境は冷戦時代における特定の潜在的敵国との二国対決型とは異なっている。また，米国では2001年9月の同時多発テロ以降に国家安全保障省が新設され，日本では領空侵犯に関しては航空自衛隊が対応する一方で中国公船等による接続水域内入域および領海侵入へは海上保安庁が対応しており，いわゆる日本の防衛関連費や米国の国防費を防衛支出と定義することが困難となっており，Peleologou（2015）が主張しているようにこのような広義の防衛支出需要モデルの構築とその推定が求められているといえる。これについては今後の課題としたい。

第 2 章
冷戦期およびポスト冷戦期における社会的厚生最大化モデルを用いた日米防衛支出需要関数の推定

1. 序論

　本章の目的は冷戦期とポスト冷戦期に分け，Smith（1980b）による社会的厚生最大化モデルを用いて日米両国の防衛支出需要関数を推定し，両国の防衛支出需要行動が冷戦期とポスト冷戦期でどのように変化したかを明らかにすることである。

　本章の構成は以下の通りである。次節では社会的厚生最大化モデルの定式化が示され，第 3 節において日米のマクロ経済データを用いた実証分析が行われ，そして最後に結論が導出される。

2. 定式化

　本章で推定されるのは第 1 章で用いられた以下の（2.1）式である。

$$lnM = \alpha_1 + \alpha_2 lnC + \alpha_3 ln(q/p) + \alpha_4 lnSPILL + \alpha_5 lnTHREAT + \alpha_6 lnM_{-1} + \varepsilon \tag{2.1}$$

　本章でもまず拡張版 Dickey-Fuller 検定（ADF 検定）で推定に使用する被説明変数と説明変数とが次数 0 で単位根ありとの帰無仮説を棄却できるかを検証する。もし同帰無仮説が棄却されなければ前章（1.35）式の推定結果からやはり ADF 検定により誤差項の単位根検定を行う。誤差項が次数 0 で単位根ありとの帰無仮説を棄却できて定常であると判断できれば変数間に共和分関係が存在すると考え，以下で表される前章（1.33）式の 1 階の階差をとって 1 期前

における (2.1) 式の誤差項を誤差修正項 (ECT) として説明変数に加えた誤差修正モデル (ECM)

$$\Delta lnM = \beta_1 + \beta_2 \Delta lnC + \beta_3 \Delta ln(q/p) + \beta_4 \Delta lnSPILL + \beta_5 \Delta lnTHREAT + \beta_6 \Delta lnM_{-1} + \delta ECT_{-1} + u \quad (2.2)$$

を推定する。ここで ECT_{-1} は (2.1) 式における1期前の誤差修正項，u は (2.2) 式における誤差項であり，Δ は1階の階差を，添え字の-1 は1期前を表している。

3. 実証分析

3.1 記述統計
3.1.1 日本

表 2.1　記述統計（日本）

変数	1966－1986年度 (n=21)				1995－2015年度 (n=21)			
	最小値	最大値	平均値	標準偏差	最小値	最大値	平均値	標準偏差
lnM_J	3.183	3.563	3.379	0.115	8.407	8.526	8.465	0.028
lnC_J	5.083	5.543	5.368	0.132	12.988	13.146	13.072	0.049
$ln(q/p)_J$	-0.138	-0.013	-0.050	0.046	-0.106	0.006	-0.050	0.040
$lnMA_{-1}$	0.778	1.042	0.889	0.084	-3.268	-2.889	-3.075	0.113
$lnMS_{-1}$	1.079	1.146	1.093	0.023	—	—	—	—

（注）ln は自然対数を表す。
（出所）筆者作成。

　日本の冷戦期とポスト冷戦期の記述統計は表2.1に示されている。冷戦期とポスト冷戦期を通じて日本は米国と同盟国であると考えられるため，日本については米国の1期前における防衛支出の対GDP比，つまり防衛負担 MA_{-1} を SPILL として用いている。さらに，冷戦期における日本の潜在的敵国としてはソ連が考えられるので同国の1期前における防衛負担推定値を説明変数に加えているが，ポスト冷戦期では日本の安全保障環境はより一層複雑かつ多様になっているため，推定式から THREAT を省いている。使用したデータは，防衛支出については財務省（http://www.mof.go.jp/）の『財務統計』「第20

表　昭和42年度以降主要経費別分類による一般会計歳出予算現額及び決算額」，民生支出および相対価格に関しては，冷戦期については内閣府（http://www.cao.go.jp/）による『1998年度（平成10年度）国民経済計算確報（1990年基準・1968SNA）』（http://www.esri.cao.go.jp/jp/sna/data/data_list/kakuhou/files/h10/12annual_report_j.html），ポスト冷戦期についてはやはり内閣府の『2015（平成27）年度　国民経済計算年次推計（2011年基準・2008SNA）』（http://www.esri.cao.go.jp/jp/sna/data/data_list/kakuhou/files/h27/h27_kaku_top.html）を用い，防衛支出の実質化には政府最終消費支出デフレータに0.75の，公的総固定資本形成デフレータに0.25のウェイトを与えた加重平均値とする西川（1984）のデフレータを用いた。米国の防衛負担については同国商務省経済統計局（BEA: https://www.bea.gov/）による"National Income and Product Account（NIPA）"の"Interactive Data"から取得した防衛支出とGDPのデータから作成した。またソ連の軍事的指標についてはDudkin and Vasilevsky（1987）に示されている米国CIA（中央情報局）推計値を使用した[1]。冷戦期の推定期間を1968年度から1986年度までとしているのは日本のマクロ経済データとソ連の軍事負担推定値がともに得られる期間がそこに限定されるからである。したがって冷戦期の日本の安全保障に関する戦略的環境E^c_Jは

$$E^c_J = MA_{-1}{}^{c1} MS_{-1}{}^{c2} \quad (2.3)$$

によって，ポスト冷戦期のそれは

$$E^c_J = MA_{-1}{}^{c1} \quad (2.4)$$

によって表されることとなる。ここでMA_{-1}およびMS_{-1}はそれぞれ米国の1

---

[1] ソ連の防衛支出や防衛負担に関する推計値は米国CIAだけでなく，米国軍備管理軍縮局（ACDA），米国国防情報局（DIA），ストックホルム国際平和研究所（SIPRI）などが推計値を公表してきた。しかし冷戦期における一貫した推計値はない。SIPRIは1949年以降の各国の防衛支出や防衛負担のデータを更新してそのウェブサイト "SIPRI Military Expenditure Database"（https://www.sipri.org/databases/milex）で公表しているがソ連のデータははもちろん1991年までのロシアのデータもない。ACDAもそのウェブサイト（http://dosfan.lib.uic.edu/acda/）では通常兵器の輸出入推計値や防衛支出と防衛負担のデータを公表していない。したがってDudkin and Vasilevsky（1987）のTable 4に示されている "CIA 4" の中間値を使用した。ソ連の防衛支出や防衛負担に関してはHolzman（1989），Steiner and Holzman（1990），Steinberg（1990），Becker（1998）などを参照のこと。なお，日本では丹羽（1989）の精力的な研究が知られている。

期前の防衛負担とソ連の1期前の防衛負担推定値である。

3.1.2 米国

表 2.2 記述統計（米国）

変数	1967−1986 年 (n=20)				1992−2016 年 (n=25)			
	最小値	最大値	平均値	標準偏差	最小値	最大値	平均値	標準偏差
lnM_A	5.963	6.448	6.135	0.161	6.233	6.701	6.449	0.153
lnC_A	8.294	8.886	8.600	0.180	9.064	9.683	9.430	0.183
$ln(q/p)_A$	−0.167	−0.021	−0.060	0.047	−0.102	0.020	−0.039	0.045
$lnMJ_{-1}$	−0.225	−0.008	−0.104	0.067	−0.110	−0.022	−0.060	0.023
$lnMN_{-1}$	1.074	1.282	1.143	0.058	0.324	0.927	0.596	0.182
$lnMS_{-1}$	1.080	1.150	1.095	0.024	—	—	—	—
WAR	—	—	—	—	0.000	1.000	0.350	0.489

（注）ln は自然対数を表す。
（出所）筆者作成。

　米国の冷戦期とポスト冷戦期の記述統計は表2.2に示されている。冷戦期とポスト冷戦期を通じた米国の同盟国としては日本と北大西洋条約機構（NATO）を考え，両者の1期前における防衛負担を $SPILL$ として用いる。またポスト冷戦期における WAR はアフガニスタン戦争開戦からイラク戦争終結宣言までの年に1を，それ以外の年に0を入れるダミー変数である[2]。冷戦期における米国の潜在的敵国としてソ連を考え，その1期前における防衛負担推定値を説明変数に加えている。ポスト冷戦期ではやはり米国の安全保障環境も単純な二国対決型ではなくより一層複雑になっているため，日本の場合と同様に推定式から $THREAT$ を省いた。米国のデータはBEAによる"National Income and Product Account (NIPA)" の "Interactive Data" から取得した。日本の防衛負担を算出するにあたり財務省の『財務統計』「第20表　昭和42年度以降主要経費別分類による一般会計歳出予算現額及び決算額」の「防衛関連費」と内閣府の『国民経済計算』を使用した。防衛支出の実質化

2　冷戦期にダミー変数 WAR を加えていないのは実際にそれを組み込んで推定しても有意ではなかったこと，(2.1) 式の誤差項に関して単位根検定を行なう際に使用される Davidson and MacKinnon (1993, Table 20.2) の表には説明変数の数が最大で6個までの有意水準とその臨界値しか記載されていないからである。

には西川（1984）のデフレータを用いているが，実質 GDP と政府最終消費支出デフレータおよび公的総資本形成デフレータは冷戦期については内閣府『1998 年度（平成 10 年度）国民経済計算確報（1990 年基準・1968SNA）』，ポスト冷戦期については内閣府『2015 年度国民経済計算（2011 年基準・2008SNA）』を用いた。また NATO の防衛負担については，ストックホルム国際平和研究所（SIPRI：https://www.sipri.org/）が公表している "SIPRI Military Expenditure Database" から得られた当該年の NATO 加盟国すべての防衛負担推定値の平均値を使用した[3]。ソ連の軍事負担は日本の場合と同じく Dudkin and Vasilevsky（1987）に示されている米国中央情報局（CIA）推計値を使用した。冷戦期の推定期間を 1968 年から 1986 年までとしているのは日本の場合と同様に日本とソ連の軍事負担がともに得られる期間がそこに限定されるからである。したがって冷戦期の米国の安全保障に関する戦略的環境 E^c_A は

$$E^c_A = MJ_{-1}^{c1} MN_{-1}^{c2} MS_{-1}^{c3} \quad (2.5)$$

によって，ポスト冷戦期のそれは

$$E^c_A = MJ_{-1}^{c1} MN_{-1}^{c2} \quad (2.6)$$

によって表されることとなる。ここで MJ_{-1}，MN_{-1} および MS_{-1} はそれぞれ日本の 1 期前の防衛負担，NATO の 1 期前の防衛負担，ソ連の 1 期前の防衛負担推定値である。

---

[3] NATO の防衛負担平均値を算出するにあたってはアイスランドのみ除かれている。これはアイスランドの防衛支出がきわめて小さいことから SIPRI も推定値を掲載していないことによる。

3.2 単位根検定
3.2.1 日本

表 2.3 ADF 検定の結果（日本，冷戦期）

変数	次数	1966－1986 年度		
		定数項なし トレンドなし	定数項あり トレンドなし	定数項あり トレンドあり
lnM_J	0	9.612	-0.725	-3.195
	1	-1.166	-3.303 *	-3.265
	2	-5.549 ***	—	-5.214 **
lnC_J	0	6.647	-5.388 ***	-3.631 †
	1	-2.470 *	—	—
$ln(q/p)_J$	0	-3.788 ***	-2.457	-0.450
	1	—	-2.198	-3.074
	2	—	-5.004 **	-4.918 **
$lnMA_{-1}$	0	-0.872	-2.278	-0.187
	1	-2.068 *	-2.136	-3.050
	2	—	-4.619 **	-4.889 **
$lnSA_{-1}$	0	1.700	0.797	-0.909
	1	-3.924 ***	-4.471 **	-5.413 **
	2			

（注）表中の***，**，*および†は各変数が単位根を持つとの帰無仮説を当該次数においてそれぞれ0.1％，1％および5％で棄却できることを表している。

表 2.4 ADF 検定の結果（日本，ポスト冷戦期）

変数	次数	1994－2015 年度		
		定数項なし トレンドなし	定数項あり トレンドなし	定数項あり トレンドあり
lnM_J	0	1.974	-1.451	-1.986
	1	-4.290 ***	-4.900 **	-4.740 **
lnC_J	0	-1.637	-1.637	-2.813
	1	-4.087 **	-4.087 **	-3.921 *
$ln(q/p)_J$	0	-2.987 **	-1.205	-1.004
	1	—	-2.812 †	-2.820
	2	—	—	-5.501 **
$lnMA_{-1}$	0	0.237	-3.216 *	-2.997
	1	-2.240 *	—	-2.080
	2	—	—	-6.105 **

（注）表中の***，**，*および†は各変数が単位根を持つとの帰無仮説を当該次数においてそれぞれ0.1％，1％および5％で棄却できることを表している。

　日本の冷戦期とポスト冷戦期における被説明変数および説明変数の単位根検定の結果はそれぞれ表 2.3 および表 2.4 に示されている。単位根検定としては ADF 検定を用い，定数項・トレンドともになし，定数項あり・トレンドなし，定数項・トレンドともにありの3種類の検定を行った。表 2.3 および表 2.4 において冷戦期およびポスト冷戦期ともに3種類すべての ADF 検定の結果で単位根ありとの帰無仮説を棄却できた変数はない。ただし，冷戦期においては相対価格が定数項・トレンドともに考慮した場合にのみ，また米国の1期前の防衛負担については定数項とトレンドがない場合と両者がともにある場合において同帰無仮説を棄却できているが，それらは次数は1ではなく2である。

3.2.2 米国

表 2.5 ADF 検定の結果（米国，冷戦期）

変数	次数	定数項なし トレンドなし	定数項あり トレンドなし	定数項あり トレンドあり
lnM_A	0	0.418	-2.842 †	0.285
	1	-0.651	—	-4.462 *
	2	-2.999 **	—	—
lnC_A	0	5.335	-2.188	-2.869
	1	-2.004 *	-3.483 *	-3.780 †
$ln(q/p)_A$	0	-2.018 *	-2.669 †	-1.728
	1	—	—	-4.044 *
	2			
$lnMJ_{-1}$	0	-1.554	-0.868	-3.765 *
	1	-4.202 ***	-4.030 **	—
$lnMN_{-1}$	0	-1.176	-1.758	-3.394 †
	1	-3.411 **	-3.882 *	—
	2			
$lnSA_{-1}$	0	1.703	0.734	-1.011
	1	-3.814 ***	-4.380 **	-5.283 **

（注）表中の***，**，*および†は各変数が単位根を持つとの帰無仮説を当該次数においてそれぞれ 0.1％，1％および 5％で棄却できることを表している。

表 2.6 ADF 検定の結果（米国，ポスト冷戦期）

変数	次数	定数項なし トレンドなし	定数項あり トレンドなし	定数項あり トレンドあり
lnM_A	0	0.427	-2.174	-2.751
	1	-1.815 †	-1.812	-1.709
	2	—	-3.899 **	-3.750 *
lnC_A	0	1.865	-2.040	-2.176
	1	-1.503	-2.489	-2.919
	2	-5.477 ***	-5.363 ***	-5.241 **
$ln(q/p)_A$	0	-1.838 †	-1.171	-0.071
	1	—	-3.690 *	-4.073 *
$lnMJ_{-1}$	0	-1.080	-2.751 †	-3.157
	1	-5.881 ***	—	-5.696 ***
$lnMN_{-1}$	0	-5.291 ***	-1.475 †	-2.769
	1	—	-4.132 **	-4.436 *

（注）表中の***，**，*および†は各変数が単位根を持つとの帰無仮説を当該次数においてそれぞれ 0.1％，1％および 5％で棄却できることを表している。

冷戦期とポスト冷戦期における米国の被説明変数および説明変数の単位根検定の結果はそれぞれ表 2.5 および表 2.6 に示されている。ここでも単位根検定としては ADF 検定を用い，定数項・トレンドともになし，定数項あり・トレンドなし，定数項・トレンドともにありの 3 種類の検定を行った。表 2.5 および表 2.6 は両期とも 3 種類すべての ADF 検定の結果において次数 0 で単位根ありとの帰無仮説を棄却できる変数がないことを示している。ただし，冷戦期における防衛支出とポスト冷戦期における民生支出が 3 種類すべての ADF 検定で次数 1 では単位根ありとの帰無仮説を棄却できず次数 2 で同帰無仮説を棄却できていること，冷戦期における相対価格については定数項とトレンドがと

もにある場合にのみ同帰無仮説を棄却できているがそれは次数2においてである。

3.3 長期的均衡
3.3.1 日本

表 2.7 長期均衡の推定結果（日本，OLS）

推定期間	1967－1986 年度		1995－2015 年度	
説明変数	推定係数	t 値	推定係数	t 値
定数項	-1.174	-3.200 **	7.867	3.822 **
lnC_J	0.439	3.059 **	-0.208	-1.076
$ln(q/p)_J$	-0.472	-2.967 *	-0.576	-1.056
$lnMA_{-1}$	-0.107	-1.388	-0.053	-1.475
$lnMS_{-1}$	0.399	1.488		
$lnM_{J,-1}$	0.545	3.052 **	0.384	1.597
Trend			0.007	2.278 *
a	-0.069		-1.362	
b	0.506		-0.052	
c_1	-3.296		-0.067	
c_2	12.257			
adj. R^2	0.996		0.832	
SE	0.007		0.011	
DW	1.911		2.362	
BG_{LM}	6.918 *		1.325	
JB	1.459		0.079	
BP_{Hetero}	6.380		4.661	
F	885.504 ***		20.753 ***	

（注）表中の***，**および*はそれぞれ 0.1％，1％および 5％で有意であることを表している。

　表 2.7 には冷戦期とポスト冷戦期における日本の（2.1）式の最小二乗法（OLS）による推定結果が示されている。表中の adj. R^2 は自由度修正済み決定係数を，SE は標準誤差を，DW は Durbin-Watson 検定統計量，BG_{LM} は次数2で誤差項の系列相関を検定する Breusch-Godfrey のラグランジュ乗数（LM）検定統計量，JB は誤差項の分布が正規分布であるかどうかを検定する Jarque-Bera 検定統計量，BP_{Hetero} は誤差項の均一分散を検定する Breusch-Pagan 検定統計量，F はすべての説明変数が 0 であるかどうかを検定する F 検定統計量を表している。

まず冷戦期についてみよう。被説明変数の1期のラグ付き変数が説明変数に組み込まれているので誤差項に系列相関があるかどうかはBreusch-GodfreyのLM検定統計量をみる。同検定統計量は誤差項に2次の系列相関はないという帰無仮説を5％水準で棄却している。またJarque-Bera検定統計量は誤差項は正規分布であるとの帰無仮説を棄却していない。さらにはBreusch-Pagan検定統計量は誤差項の分散は均一であるとの帰無仮説を棄却していない。自由度修正済み決定係数は0.9を超え，本モデルの説明力の高さを示している。F検定統計量はすべての説明変数は0であるとの帰無仮説を0.1％水準で棄却している。冷戦期においては民生支出は有意な正である。Smith (1980b) は民生支出の符号条件を負としているが，日本は長らく「防衛費対GNP比1％」の制約を受け，多少の変動はあったものの基本的にこれに近い比率を常に維持してきたことを考えるならば防衛支出が民生支出とともに成長してきたことは何ら不思議なことではなく，むしろ日本の場合の符号条件は正であると考えることができる。相対価格は符号条件を満たして有意であり，日本の防衛支出が価格制約を受けていたことを示している。同盟国である米国の防衛負担の推定係数は負で，これは日本が米国のフリー・ライダー（ただ乗り国）であったことを意味しているが有意ではない。また潜在的敵国としてのソ連の防衛負担は符号条件を満たしているが有意ではない。ただこれら両説明変数はその t 値の絶対値は1.4程度であり，被説明変数と弱い相関を示している。次に推定結果から b, c_1 および c_2 を算出して日本の防衛支出と，その同盟国および敵対国の防衛負担が日本の安全保障にどのような影響を及ぼすかを見ておこう。日本の防衛支出の1％増加は冷戦期では自国の安全保障を0.51％上昇させる。しかし同盟国である米国の防衛負担が1％上昇すると日本の安全保障は3.30％も低下し，反対に潜在的敵国とされていたソ連の防衛負担が1％上昇すると日本の安全保障は12.26％も上昇するという結果が出ている。

次にポスト冷戦期をみよう。説明変数にはタイム・トレンド $Trend$ が組み込まれている[4]。Breusch-GodfreyのLM検定統計量は誤差項に2次の系列相

---

[4] 冷戦期の推定に際してタイム・トレンドを加えなかったのは実際にそれをあえて推定しても有意ではなかったからである。

関はないという帰無仮説を棄却していない。またJarque-Bera検定統計量は誤差項は正規分布であるとの帰無仮説を棄却していない。さらにはBreusch-Pagan検定統計量は誤差項の分散は均一であるとの帰無仮説を棄却していない。自由度修正済み決定係数は冷戦期より低いがそれでも0.8を超え，本モデルの説明力の高さを示している。F検定統計量はすべての説明変数は0であるとの帰無仮説を0.1％水準で棄却している。民生支出と相対価格はともに符号条件を満たしているが有意ではない。同盟国である米国の防衛負担は負であり，そのt値の絶対値は1.5弱であり，被説明変数と弱い相関を示している。これはポスト冷戦期においても日本が米国のフリー・ライダーであることを意味している。タイム・トレンドは5％水準で有意である。推定結果から得られたb, c_1から日本の防衛支出だけでなくその同盟国である米国の防衛負担が1％上昇することで日本の安全保障がそれぞれ0.05％と0.07％低下することを示している。

表2.8　誤差項のADF検定の結果（日本）

推定期間	定数項あり トレンドなし	定数項あり トレンドあり
1967－1986年度	-4.867 *	-4.746 †
1995－2015年度	-5.144 **	-4.995 **

(注) 表中の**，*および†はそれぞれ1％水準，5％水準および10％水準で誤差項に単位根ありとの帰無仮説を棄却できることを表している。ただし同表では定数項とトレンドがともにない単位根検定の有意水準は示されていない。
(出所) Davidson and MacKinnon (1993, Table 20.2)

ここでEngle and Granger (1989) の方法で共和分検定を行なう。冷戦期とポスト冷戦期における (2.1) 式のそれぞれの推定結果の誤差項について行なったADF検定による単位根検定の結果は表2.8に示されている。この誤差項の単位根検定にはDavidson and MacKinnon (1993, p.722) のTable 20.2が用いられるが，そこに示されている臨界値はADF検定よりも厳しく設定されている。表2.8に示されたADF検定の結果は冷戦期では定数項あり・トレンドなしの場合には5％水準で，定数項とトレンドともにありの場合では10％水準で有意であり，ポスト冷戦期においては定数項あり・トレンドなしの場合であれ

定数項とトレンドともにありの場合であれともに1％水準で単位根ありとの帰無仮説を棄却しており，誤差修正項（ECT）を考慮した誤差修正モデル（ECM）を推定することが重要であることを示している。

3.3.2 米国

表 2.9 長期的均衡の推定結果（米国，OLS）

推定期間	1967－1986 年		1993－2016 年	
説明変数	推定係数	t 値	推定係数	t 値
定数項	0.185	0.192	7.532	2.154 *
lnC_A	-0.085	-0.709	-0.441	-1.604
$ln(q/p)_A$	-1.260	-3.347 **	1.977	3.099 **
$lnMJ_{-1}$	0.792	3.359 **	0.157	0.670
$lnMN_{-1}$	-0.493	-0.937	0.448	1.798 †
$lnMS_{-1}$	1.164	3.282 **		
$lnM_{A,-1}$	0.653	4.898 ***	0.504	3.654 **
WAR			0.048	3.514 **
$Trend$			0.019	2.517 *
a	-1.067		-13.564	
b	0.679		0.306	
c_1	0.589		0.025	
c_2	-0.366		-0.210	
c_3	0.866			
$adj. R^2$	0.973		0.984	
SE	0.027		0.020	
DW	1.808		1.224	
BG_{LM}	0.313		4.502	
JB	1.048		0.122	
BP_{Hetero}	4.803		3.585	
F	117.173 ***		197.748 ***	

(注) 表中の***，**，*および†はそれぞれ0.1％，1％，5％および10％で有意であることを表している。

冷戦期とポスト冷戦期における米国の（2.1）式のOLSによる推定結果は表2.9に示されている。まず冷戦期についてみよう[5]。Breusch-GodfreyのLM

---

5 冷戦期ではダミー変数 WAR だけでなくタイム・トレンドも推定の際には外されている。これは両変数が有意ではなかったからである。

検定統計量は誤差項に2次の系列相関はないという帰無仮説を棄却していない。またJarque-Bera検定統計量は誤差項は正規分布であるとの帰無仮説を棄却していない。さらにはBreusch-Pagan検定統計量は誤差項の分散は均一であるとの帰無仮説を棄却していない。自由度修正済み決定係数は0.9を超え，本モデルの説明力の高さを示している。F検定統計量はすべての説明変数は0であるとの帰無仮説を0.1％水準で棄却している。民生支出の推定係数はSmith（1980）の主張する符号条件をみたしているが有意ではない。相対価格は冷戦期では符号条件を満たして1％水準で有意であり，その弾性値は−1.26と同期の日本のそれと比べてかなり大きい。同盟国の日本の防衛負担は1％水準で有意な正であり，日本のフォローワーとして協調的な防衛支出需要行動をとっていたことがわかる。その一方，NATOの防衛負担に対してはフリー・ライダーとして「ただ乗り」行動をとっていたことが示されているが，有意ではない。潜在的敵国としてのソ連の防衛負担は1％で有意でその弾性値は1を超え，当時の米国がソ連の軍事的脅威にかなり敏感に反応していたことがうかがえる。米国の防衛支出，日本，NATOおよびソ連の防衛負担の米国の安全保障に対する弾性値を見よう。米国の防衛支出と日本の防衛負担の弾性値はそれぞれ0.68，0.59とともに米国の安全保障を上昇させていたことがわかる。しかしNATOとソ連の防衛負担の弾性値は予想される符号条件とは反対で，前者の1％上昇が米国の安全保障を0.37％悪化させるのに対してソ連の防衛負担1％上昇はそれを0.87％引き上げていたことになる。もっともc_2を算出するにあたって使用するNATOの防衛負担は有意には0と異ならないのでNATOの防衛負担が上昇しても米国の安全保障には何ら影響を及ぼさなかったと考えられる。

　次にポスト冷戦期についてみよう。推定に際しては戦争ダミー*WAR*に加えてタイム・トレンド*Trend*も組み込まれている。Breusch-GodfreyのLM検定統計量は誤差項に2次の系列相関はないという帰無仮説を棄却していない。またJarque-Bera検定統計量は誤差項は正規分布であるとの帰無仮説を棄却していない。さらにはBreusch-Pagan検定統計量は誤差項の分散は均一であるとの帰無仮説を棄却していない。自由度修正済み決定係数は0.9を超え，本モデルの説明力の高さを示している。F検定統計量はすべての説明変数は0で

あるとの帰無仮説を0.1％水準で棄却している。民生支出はほぼ10％水準で有意な負である。相対価格は1％水準で有意であるが符号条件を満たしていない。同盟を締結している日本とNATOの防衛負担はともに正であるが冷戦期とは異なって前者が有意ではなくなり，後者が有意となっている。戦争ダミーとタイム・トレンドはそれぞれ1％水準と5％水準で有意な正である。米国の防衛支出1％増加はその安全保障環境を改善する要因として作用している点では冷戦期と変わりはないが，その弾性値は0.31まで低下している。日本の防衛負担は米国の安全保障を0.03上昇させる。ただしその算出にあたって使用したその推定係数は有意には0とは異ならないので日本の防衛負担増は米国の安全保障に影響を及ぼさないと考えられる。NATOの防衛負担の1％上昇は予想される符号条件とは反対に米国の安全保障環境を0.21％悪化させる要因となっていることを示している。

表 2.10　誤差項の ADF 検定の結果（米国）

推定期間	定数項あり トレンドなし	定数項あり トレンドあり
1967−1986 年	−3.756	−3.637
1993−2016 年	−5.276 **	−5.149 **

（注）表中の**は1％水準で誤差項に単位根ありとの帰無仮説を棄却できることを表している。ただし同表では定数項とトレンドがともにない単位根検定の有意水準は示されていない。また説明変数が7個の各有意水準に対応する臨海値が示されていないので表中では説明変数が6個の場合の臨界値を使用している点には注意が必要である。
（出所）Davidson and MacKinnon (1993, Table 20.2)

　ここで日本と同様に Engle and Granger（1989）の方法で共和分検定を行なう。両期間における (2.1) 式の推定結果から得られた誤差項の ADF 検定による単位根検定の結果は表 2.10 に示されている。冷戦期は定数項のみの場合の有意水準10％の臨界値−4.42と定数項・トレンドともにありの場合のその臨界値−4.70をともに下回っておらず，誤差項の単位根ありとの帰無仮説を棄却できない。ポスト冷戦期においては説明変数が7個のため Davidson and MacKinnon（1993, p.722）の Table 20.2 を使用できないので表中では説明変数が6個の場合の臨界値で有意水準を判定している点には注意が必要である。ちなみに説明変数が6個のときの有意水準1％の臨界値は，定数項のみの場合

が−5.25,定数項・トレンドともにありの場合が−5.52であるので少なくとも有意水準10%は満たしているものと推測され,ECMでの推定が望ましいと思われる。

3.4 ECMの推定結果
3.4.1 日本

表2.11 ECMの推定結果（日本,OLS）

推定期間	1968−1986年度		1996−2015年度	
説明変数	推定係数	t値	推定係数	t値
定数項	0.001	0.245	0.008	1.146
ΔlnC_J	0.505	3.720**	−0.220	−1.093
$\Delta ln(q/p)_J$	−0.930	−3.453**	−0.889	−1.861†
$\Delta lnMA_{-1}$	−0.192	−1.892†	−0.053	−1.009
$\Delta lnMS_{-1}$	0.222	1.070		
$\Delta lnM_{J,-1}$	0.536	1.833†	0.012	0.041
Trend			0.000	−0.540
$ECT_{J,-1}$	−1.367	−2.725**	−0.887	−2.494*
a	−0.456		−1.247	
b	1.098		−0.090	
c_1	−0.454		−0.047	
c_2	0.522			
adj. R^2	0.473		0.461	
SE	0.006		0.011	
DW	2.220		1.552	
BG_{LM}	9.145*		7.421*	
JB	0.129		1.230	
BP_{Hetero}	4.179		7.289	
F	3.695*		4.079*	

（注）表中の**,*および†はそれぞれ1%,5%および10%で有意であることを表している。

2つの期間におけるECMのOLSによる推定結果は表2.11に示されている。まず冷戦期についてみよう。長期的均衡の推定結果と同じくBreusch-GodfreyのLM検定統計量は誤差項に2次の系列相関はないという帰無仮説を5%水準で棄却している。またJarque-Bera検定統計量は誤差項は正規分布であるとの帰無仮説を棄却していない。さらにはBreusch-Pagan検定統計量は誤差項

の分散は均一であるとの帰無仮説を棄却していない。自由度修正済み決定係数は0.47程度であり，本モデルの説明力の低さを示している。F検定統計量はすべての説明変数は0であるとの帰無仮説を5％水準で棄却している。ECTは1％水準で有意であるが，その推定係数の絶対値は1を超えている。民生支出と相対価格の第1階差はそれぞれ正と負でともに1％水準で有意である。米国の防衛負担の第1階差は10％水準で有意な負であり，短期的均衡においても米国のフリー・ライダーであったことを表している。これに対してソ連の防衛負担の第1階差は正であるが有意ではない。日本の防衛支出の第1階差が1％上昇するとその安全保障は1.1％上昇するが，同盟国である米国の防衛負担と潜在的敵国とされていたソ連のそれの第1階差はともに長期的均衡の場合と同様に想定される符号とは反対になっている。もっともソ連の防衛負担の第1階差は有意ではなかったことを考えるのであればc_2は0と考えることができる。

　次にポスト冷戦期をみよう。Breusch-GodfreyのLM検定統計量は誤差項に2次の系列相関はないという帰無仮説を5％水準で棄却している。またJarque-Bera検定統計量は誤差項は正規分布であるとの帰無仮説を棄却していない。さらにはBreusch-Pagan検定統計量は誤差項の分散は均一であるとの帰無仮説を棄却していない。自由度修正済み決定係数は0.46程度であり，本モデルの説明力の低さを示している。F検定統計量はすべての説明変数は0であるとの帰無仮説を5％水準で棄却している。ECTは5％で有意である。誤差修正項以外で有意なのは相対価格の第1階差だけであり，それは符号条件を満たして10％で有意である。日本の安全保障環境について述べておこう。日本の防衛支出1％増加はその安全保障を0.09％低下させ，米国の防衛負担の1％上昇も日本の安全保障を0.05％低下させるという結果が出ているが，ともに算出の際に利用した推定係数が有意には0とは異ならないのでいずれも日本の安全保障に影響を及ぼさないということになる。

3.4.2 米国

表 2.12 ECM の推定結果 (米国, OLS)

推定期間	1968−1986 年		1994−2016 年	
説明変数	推定係数	t 値	推定係数	t 値
定数項	0.007	0.718	0.000	−0.016
$\Delta ln C_A$	−0.332	−1.583	−0.690	−1.884 †
$\Delta ln(q/p)_A$	−0.984	−2.591 *	1.430	2.665 *
$\Delta ln MJ_{-1}$	0.568	2.874 *	0.358	1.962 †
$\Delta ln MN_{-1}$	−0.640	−1.421	0.181	1.015
$\Delta ln MS_{-1}$	0.893	3.005 *		
$\Delta ln M_{A,-1}$	0.799	5.792 ***	0.394	2.063 *
WAR			0.019	0.996
$Trend$			−0.001	−0.934
$ECT_{A,-1}$	−1.076	−3.086 *	−0.594	−1.595
a	−1.337		−0.517	
b	0.595		2.753	
c_1	0.432		−0.484	
c_2	−0.487		−0.245	
c_3	0.679			
adj. R^2	0.840		0.819	
SE	0.023		0.018	
DW	1.428		1.543	
BG_{LM}	3.974		2.625	
JB	1.391		0.263	
BP_{Hetero}	4.053		7.130	
F	14.503 ***		13.476 ***	

(注) 表中の***, **および*はそれぞれ 0.1%, 1%および 5%で有意であることを表している。

(2.1) 式の 1 階の階差をとった誤差修正モデルを表す (2.2) 式の OLS による推定結果は表 2.12 に示されている。同表では誤差項に単位根ありとの帰無仮説を棄却できなかった冷戦期についても誤差修正モデルを推定した。まず冷戦期について見よう。Breusch-Godfrey の LM 検定統計量は誤差項に 2 次の系列相関はないという帰無仮説を棄却していない。また Jarque-Bera 検定統計量は誤差項は正規分布であるとの帰無仮説を棄却していない。さらには Breusch-Pagan 検定統計量は誤差項の分散は均一であるとの帰無仮説を棄却していない。自由度修正済み決定係数は 0.8 を超え，本モデルの説明力の高さを示している。F 検定統計量はすべての説明変数は 0 であるとの帰無仮説を

0.1％水準で棄却している。ECT は 5％水準で有意である。ただしその推定係数の絶対値は 1 をわずかに超えている。民生支出の第 1 階差と相対価格のそれはともに符号条件を満たし，後者は 5％水準で有意である。前者についてはその t 値の絶対値が 1.6 弱であり，被説明変数と弱い相関を示している。日本の防衛負担の第 1 階差は 5％水準で有意であり，日本のフォローワーとしての防衛支出需要行動が確認される。NATO の防衛負担の t 値の絶対値は 1.4 を超える程度の弱い負の相関を示し，NATO のフリー・ライダーとしての防衛支出需要行動が確認される。ソ連の防衛負担は 5％水準で有意な正である。米国の防衛支出の第 1 階差 1％の拡大はその安全保障を 0.60％上昇させ，日本の防衛負担の第 1 階差が 1％上昇すると米国の安全保障は 0.43％上昇することになる。これらは符号条件を満たしている。しかし予想される符号とは反対に米国の安全保障は NATO の防衛負担の第 1 階差が 1％上昇することにより 0.49％低下し，ソ連の防衛負担のそれが 1％拡大すると 0.68％上昇するという結果が出ている。

次にポスト冷戦期の推定結果を見よう。Breusch-Godfrey の LM 検定統計量は誤差項に 2 次の系列相関はないという帰無仮説を棄却していない。また Jarque-Bera 検定統計量は誤差項は正規分布であるとの帰無仮説を棄却していない。さらには Breusch-Pagan 検定統計量は誤差項の分散は均一であるとの帰無仮説を棄却していない。自由度修正済み決定係数は 0.8 を超え，本モデルの説明力の高さを示している。F 検定統計量はすべての説明変数は 0 であるとの帰無仮説を 0.1％水準で棄却している。ECT は 10％でも有意ではない。民生支出の第 1 階差は Smith（1980）の主張する符号条件を満たして 10％水準で有意なトレード・オフ関係を示している。相対価格の第 1 階差は 5％水準で有意ではあるものの長期的均衡の場合と同様に符号条件を満たしていない。日本の防衛負担の第 1 階差と NATO のそれはともに正であり日本と NATO のフォローワーとしての防衛支出需要行動が確認されるが前者が 10％水準で有意であるのに対して後者は有意ではない。米国の防衛支出の第 1 階差が 1％拡大すればその安全保障は 2.75％も上昇する。しかし日本の防衛負担の第 1 階差が 1％上昇すると予想される符号とは反対に米国の安全保障は 0.48％低下し，NATO の防衛負担の第 1 階差についても米国の安全保障は 0.25％低下するこ

とを示している。後者についてはその算出に使用した推定係数が有意には0とは異ならないので米国の安全保障には何ら影響しないと考えられる。

4. 結論

本章では推定期間を冷戦期とポスト冷戦期に分け，日米の防衛支出需要関数として社会的厚生最大化モデルを推定した。そこから明らかになったのは以下の点である。

第1に，日本については冷戦期，ポスト冷戦期に関係なく同モデルに関しては共和分分析を経て誤差修正項を考慮した誤差修正モデルを推定することが有用であることが明らかにされた。米国については共和分分析では誤差修正モデルを推定することが必要であるという示唆を得られなかった冷戦期については同モデルは有用であるが，誤差修正モデルを推定するべきとの示唆を得たポスト冷戦期では誤差修正項は有意ではなかった。第2に，冷戦期では日本は長期的均衡においても短期的均衡においても同盟国である米国の防衛負担のフリー・ライダーであったことが明らかにされた。また，第3に，米国は長期的均衡においては冷戦期に，そして短期的均衡においては冷戦期もポスト冷戦期も日本の防衛負担のフォロワーとして協調的な防衛支出需要行動をとっていたことが明らかにされた。そして第4に，米国は長期的均衡であれ短期的均衡であれ冷戦期では価格制約を受けた防衛支出需要行動をとっていたがポスト冷戦期では防衛財・サービスの民生財・サービスに対する相対価格が上昇しても防衛支出を増やすという行動をとっていることが明らかにされた。

ただし，日本の推定結果には誤差項に系列相関があると判断される。また，これは第1章でも指摘したが，自国の防衛支出や同盟国・組織や敵対国の防衛負担がその安全保障にどのような影響を及ぼすかについてはSmith (1980b) が想定しているような結果は必ずしも得られなかった。このような観点からも社会的厚生最大化モデルは少なくともポスト冷戦期の日米両国の防衛支出需要関数としてはもはや有用ではないと考えられ，新たなモデルの構築が必要であるといえる。

第2章補論
プレディクター・モデルを用いたポスト冷戦期における米国防衛支出需要関数の推定

1. 序論

　前章では冷戦期とポスト冷戦期における日米の年次データを用いて防衛支出需要関数の社会的厚生最大化モデルを推定した。しかしポスト冷戦期の米国については同モデルはもはや有用ではないことが示唆された。ここでは冷戦期の代表的な米国防衛支出需要関数のうち Nincic and Cusack (1979) によるプレディクター・モデルを紹介し，ポスト冷戦期の年次データを用いて推定する。プレディクター・モデルはリチャードソン・モデルのように二国対決型モデルではなく，大統領選挙や民間需要の低迷など国内の政治や経済に着目し，そこから特に冷戦期の米国の防衛支出需要行動を説明しようとする。ソ連の崩壊により米ソ冷戦，東西冷戦は終結したとされるが，21世紀に入って改めてその説明力を問うとともに，冷戦後の米国の防衛支出需要行動をどれだけ説明するかを見るという点では非常に興味深いモデルであると言える。

2. プレディクター・モデル

2.1 推定式の導出

　本節では Nincic and Cusack (1979) によるプレディクター・モデルを導出する。同モデルにおける被説明変数は米国の実質防衛支出増加額 ΔM_t である。また，説明変数として以下の4つが挙げられている。まず第1に1期前の実質

国防支出増加額 ΔM_{t-1} である。これは増分主義の仮説を意味する。符号条件は

$$\partial(\Delta M_t)/\partial(\Delta M_{t-1}) > 0 \quad (2.7)$$

である。

第2の要因は米国の戦争への関与度 W_t である。米国が戦争に関与した期に1を，それ以外の期には0を入れるダミー変数では統計学的に有意な推定値が得られにくいことから考え出されたのがこの変数で，彼らは米国が関与した過去の戦争期間における実質防衛支出増加額の変化のパターンから，同増加額は戦争に関与して2年目にピークに達し，その後次第に逓減するという仮説を構築して，以下のような指数形の関数にして表している。

$$W_t = C \times \left(\frac{1}{2}\right)^{|t_w - t_p|} \quad (2.8)$$

ここで，

W_t：t 期における米国の戦争関与度

t_w：戦争に関与してからの年数

t_p：戦争関与度がピークに達する年数，つまり2

C：戦争年度であれば1を，そうでない場合には0

であり，符号条件は

$$\partial(\Delta M_t)/\partial(W_t) > 0 \quad (2.9)$$

である。

第3の要因は大統領選挙サイクルである[1]。米国では大統領選挙は4年に一度実施されるが，最終的な選挙の約1年前から各党で予備選挙が行われ，これらは会計年度で考えると2年度にまたがる。そこでNincic and Cusack（1979）は，現職の大統領は自分もしくは同じ政党の候補者が再選される可能性を少しでも高めようとして大統領選挙の行われる会計年度とその直前の会計年度においては国内経済の刺激を目的として防衛支出を増やそうとするとの仮説を構築し，この第3の変数を考え出したのである。これは一種のダミー変数で，

V_t：大統領選挙が行われる前会計年度と当該会計年度に1を，それ以外には

---

[1] Zuk and Woodbury（1986）は第2次世界大戦後の米国の防衛費は大統領選挙サイクルによって説明されるとの仮説を実証的に考察し，大統領選挙サイクルよりも米ソ間の関係と上述した戦争とによって説明されることを明らかにしている。

0を入れる大統領選挙サイクル変数

であり，符号条件は

$$\partial(\Delta M_t)/\partial(V_t)>0 \quad (2.10)$$

である。

　そして最後の要因は実質国内民間消費・投資支出増加額である。総需要の大部分を占める民間消費支出と民間投資支出は経済成長に大きな影響を及ぼす。そのため政府はこれら支出が少ない時には大統領選挙サイクルにかかわらず政府支出を増加させることにより国内経済を刺激しようとする。また，米国においては軍需産業の国内経済に対する影響力も大きいとされ，政府は民間需要が不足しているときには政府支出の一部である防衛支出を増加させて国内経済を活性化しようとするものと考えられる。したがって第4の説明変数は

$\Delta(C+I)_t$：実質国内民間消費・投資支出増加額

であり，符号条件は

$$\partial(\Delta M_t)/\partial(\Delta C+I)_t<0 \quad (2.11)$$

である。

2.2　実証分析

　米国の「防衛支出」という場合，2つの防衛支出を考えねばならない。1つは国民経済計算（米国では国民所得生産勘定。以下，NIPA）における連邦政府支出の一部である防衛支出であり，他方は連邦政府による予算に基づく決算額である。ここでの被説明変数は前者である。NIPAが暦年を採用しているのに対し，予算は前年10月1日（1976会計年度までは7月1日）から始まる会計年度を採用している。NIPAは米国商務省経済統計局（BEA）のウェブサイトで年次データだけでなく四半期データも公表している。

表 C 1.1　記述統計（10 億ドル，2009 年連鎖実質価格）

変数	1992−2016 年（$n=25$）			
	最小値	最大値	平均値	標準偏差
ΔM_t	−52.427	52.459	1.712	28.507
ΔP_t	−682.122	564.374	303.724	281.732
ΔPC_t	−160.095	395.855	236.483	128.179
ΔPI_t	−522.027	241.586	67.241	174.316
W_t	0.000	1.000	0.099	0.236
V_t	0.000	1.000	0.520	0.510

（出所）筆者作成。

表 C 1.2　単位根検定の結果（ADF 検定）

変数	次数	1992−2016 年		
		定数項なし トレンドなし	定数項あり トレンドなし	定数項あり トレンドあり
ΔM_t	0	−1.812 †	−1.805	−0.835
	1	—	−3.734 *	−4.230 *
ΔP_t	0	−1.871 †	−2.941 †	−2.931
	1	—	—	−5.012 **
ΔPC_t	0	−0.878	−3.075 *	−3.136
	1	−4.805 ***	—	−4.544 **
ΔPI_t	0	−3.061 **	−3.259 **	−3.239
	1	—	—	−5.835 **

（注）表中の***，**，*および†は各変数が単位根を持つとの帰無仮説を当該次数においてそれぞれ 0.1％，1％および 5％で棄却できることを表している。

　表 C 1.1 には 1992〜2016 年の各変数の記述統計が示されている。M は実質防衛支出，P は実質個人消費支出と実質民間総投資の合計，PC は実質個人消費支出，PI は実質民間総投資である。また W と V は上で説明した戦争関与度と大統領選挙サイクルであり，Δ は 1 階の階差を表している。データの出所は BEA のウェブサイト "National Income and Product Account（NIPA）"の"Interactive Data"で，実質化に際しては 2009 年連鎖型実質価格指数が用いられている。また表 C 1.2 には ΔM，ΔP，ΔPC，ΔPI それぞれに関する単位根検定の結果が示されている。単位根検定には定数項・トレンドともになし，定数項あり・トレンドなし，定数項・トレンドともにありの 3 種類の拡張版 Dickey-Fuller 検定（ADF 検定）が用いられている。これら 4 変数はレベルの変数の第 1 階差であるので次数 0 で単位根ありとの帰無仮説が棄却されるものと考えられる。表 C 1.2 ではすべての変数について 3 種類すべての ADF 検定で次数 0 で帰無仮説が棄却されているわけではない。ただし定数項・トレンドともになしの場合は ΔPC が，定数項あり・トレンドなしの場合には ΔM が，そして定数項・トレンドともにありの場合には 4 変数すべてが次数 1 で帰無仮説が棄却されている点には注意が必要である。

2. プレディクター・モデル

表 C 1.3 推定結果（1993−2016 年，OLS，$n=24$）

推定式番号	(C 2.1)		(C 2.2)		(C 2.3)	
説明変数	推定係数	t 値	推定係数	t 値	推定係数	t 値
定数項	5.044	0.842	4.659	0.546	0.135	0.028
ΔM_{t-1}	0.515	3.428 **	0.589	3.632 **	0.500	3.606 **
W_t	36.586	2.148 *	31.416	1.681	36.741	2.334 *
V_t	3.978	0.588	3.822	0.514	3.362	0.532
ΔP_t	−0.029	−2.225 *				
ΔPC_t			−0.034	−1.069		
ΔPI_t					−0.056	−2.862 *
adj. R^2	0.678		0.614		0.718	
SE	16.024		17.545		15.000	
DW	1.908		1.486		2.474	
BG_{LM}	4.361		4.386		5.373 †	
JB	1.750		1.140		0.827	
BP_{Hetero}	1.805		3.452		2.560	
W_{Hetero}	8.863		14.443		8.267	
F	12.576 ***		9.74 ***		14.987 ***	

（注）上段は推定係数を，下段はその t 値を示している。また，推定係数右側の ***，**，*，† はそれぞれ 0.1％，1％，5％および 10％で有意であることを表している。

表 C 1.3 には推定結果が示されている。表中の adj. R^2 は自由度修正済み決定係数，SE は標準誤差，DW は Durbin-Watson 検定統計量，BG_{LM} は次数を 2 とする誤差項の系列相関を検定する Breusch-Godfrey のラグランジュ乗数 (LM) 検定統計量，JB は誤差項の正規分布を検定する Jarque-Bera 検定統計量，BP_{Hetero} は誤差項の均一分散を検定する Breusch-Pagan 検定統計量，F は F 検定統計量である。1 期のラグ付き被説明変数が説明変数として組み込まれているので誤差項の系列相関に関しては Durbin-Watson 検定統計量ではなく Breusch-Godfrey の LM 検定統計量をみる。その結果は推定式番号（C 2.1）および（C 2.2）では誤差項に 2 次の系列相関なしとの帰無仮説を棄却することができない。推定式番号（C 2.3）については 5％水準であれば同帰無仮説は棄却されないが 10％水準では棄却される。すべての推定式について Jarque-Bera 検定統計量は誤差項の分散が正規分布であるとの帰無仮説を棄却していない。さらに Breusch-Pagan 検定統計量は 3 本の推定式に関して分散は均一であるとの帰無仮説を棄却していない。自由度修正済み決定係数は推定式番号

(C 1.1) および (C 1.2) では 0.7 を下回っているが推定式番号 (C 2.3) では 0.7 を上回っており，説明力がもっとも高い。F 検定統計量は推定式番号 (C 2.1) ～ (C 2.3) についてすべての説明変数の係数が 0 であるとの帰無仮説を 0.1％水準で棄却している。

第 1 変数はすべての推定式において 1％水準で有意である。第 2 変数，すなわち戦争関与度は推定式番号 (C 2.1) と (C 2.3) では 5％で有意な正であり，推定式番号 (C 2.2) では 10％水準でも有意ではないが被説明変数と弱い正の相関を示している。第 3 変数，つまり大統領選挙サイクル変数は正であり，大統領選挙期間中に政権側が防衛支出を増加させることを示唆しているが 3 本すべての推定式で有意ではない。推定式番号 (C 2.1) で $\it{\Delta P}$ は符号条件を満たして 5％水準で有意である。推定式番号 (C 2.2) で $\it{\Delta PC}$ も符号は負であるが有意ではない。推定式番号 (C 2.3) で $\it{\Delta PI}$ は符号条件を満たして 5％で有意である。

3. 結論

本補論では米国のポスト冷戦期の防衛支出需要関数としてプレディクター・モデルを推定した。その結果，第 1 に，第 1 変数である $\it{\Delta M_{t-1}}$ はすべて符号条件を満たして有意であり増分主義仮説が支持されることが明らかにされた。第 2 に，第 2 変数の戦争関与度はポスト冷戦期のアフガニスタン戦争とイラク戦争について支持されることが明らかにされたがこれはある意味当然のことである。第 3 に，大統領選挙サイクル仮説は棄却されることが明らかにされた。同仮説が棄却されたのは，大統領選挙こそ 4 年に 1 度行われるが米国ではその間に中間選挙が行われ，その意味では大統領選挙の前にのみ防衛支出を増やす要因となるとは限らず，同仮説が棄却されたのは当然といえる。そして第 4 に，政府は民間需要の低迷に対して防衛支出を使用して需要不足を補完するとの仮説が支持されることが明らかにされた。内需の中でも民間総投資ではなく個人消費の落ち込みに対して使用されると考えられる。

プレディクター・モデルは冷戦期の米国の防衛支出需要行動を，それまで比

較的に多かったソ連との二国対決型モデルによる説明ではなく，国内の政治的な要因と経済的な要因とを考慮して説明するモデルとして創られたものである。当然この時期は東西冷戦の真っ最中であり，Nincic and Cusack（1979）も認めているようにリチャードソン・モデルに代表される二国敵対型モデルが同時期の米国政府による防衛支出需要行動をもっともよく説明するものと考えられるが，あえて説明変数にソ連の軍事指標を組み込まずに説明しようとしたところに意義がある。米国は冷戦期にも朝鮮戦争，ベトナム戦争，湾岸戦争の3つの戦争に米国は参戦している[2]。今後再び米国が戦争に関与するかどうかはわからない。もし関与することがなければ本モデルの貴重な説明変数が1つ姿を消すこととなり，その意味では将来的には本モデルは有用ではなくなる可能性がある。東西冷戦が終結したものの，米国は2001年9月11日の同時多発テロ以降，テロとの戦いをも強いられており，一方では巨額の連邦政府財政赤字を抱えそれが防衛支出の制約となる可能性がある。このようなことから米国に関する新しい時代の防衛支出需要関数が求められているといえる。

---

[2] 湾岸戦争は1991年1月に勃発し，短期で終結した。したがって本補論での機関としてはポスト冷戦期以前の戦争ということになるが，湾岸戦争開戦時にはすでに米ソ首脳による冷戦終結宣言が出された後であり，実際にはポスト冷戦後における米国が初めて関与した戦争といえる。

第 3 章
日米における政府支出の民間消費代替性・補完性に関する防衛経済学的考察

1. 序論

　本章では，日米の政府支出が家計の民間消費と代替的であったのか補完的であったのかについての実証分析を行う。政府支出が民間消費と代替性を有するのか，あるいは補完性を有するのかについては，政府による財政政策を評価する際に非常に重要であり，過去多くの研究者によって様々なアプローチから検証されてきたが，ここでは Evans and Karras (1998) によって行われた流動性制約仮説を同時に考慮したモデルを推定し，日米両国政府による財政政策に対して1つの評価を加える試みとすること，そして政府支出と民間消費の代替性および補完性に関する今後の研究の第一歩を刻むことを目的とする。用いられるデータは日米の1980年以降の四半期データであり，両国の推定結果の比較が行われる。また，防衛経済学的観点から，政府支出を防衛支出とそれ以外（つまり非防衛支出）に分け，前者が財政政策手段の1つとして家計の効用にどのような影響を与えてきたのかについても焦点が当てられる。

　政府支出が民間経済主体の消費や投資に与える影響については，主に2つの考え方，つまりケインズ経済学に基づく総需要拡大効果とリカードの等価定理あるいは公債の中立命題から説明される。

　ケインズ経済学的な立場からは，マクロ経済に対するプラスとマイナス双方の効果が指摘される。プラスの効果としては，政府支出の拡大が総需要を拡大し，乗数効果となって国民所得を増大させるというものである。そしてマイナスの効果としては，政府支出を拡大したとしても，特に金融緩和政策の余地が残されていないような状況で大量の公債を発行した場合，金融市場で金利が上

昇して民間経済主体の支出が一部抑制するというクラウディング・アウト効果が発生する。

　新古典派経済学の立場からは，資金調達の手段が公債発行によってであれ増税によってであれ，マクロ経済に対する影響は「中立的」で，合理的な経済主体は政府支出の拡大は将来のいずれかの時点における増税を予想し，支出を拡大するのではなくむしろ将来の増税に備えて貯蓄を増加させると主張される。

　このような考え方は，いうまでもなく，政府支出を構成する防衛支出についても及ぶこととなる[1]。政府支出，そしてその一部たる防衛支出が民間消費に与える影響については，主に1980年代以降，一方ではリカードの等価定理に関する仮説の検証と，マクロ経済学における消費理論の発展という2つの流れの中で研究が重ねられ，特に後者においてBailey（1971）の議論に端を発し，Barro（1981）による有効消費（effective consumption）の概念の導入を基礎とした政府支出と民間消費との間の代替性あるいは補完性に関して多くの実証研究が積み重ねられてきたのである。

　多くのマクロ経済学のテキストでは，閉鎖経済体系での国民所得決定理論の説明において，マクロ経済の主な経済主体として民間部門の家計と企業および政府部門の3つが挙げられる。そしてそれらは明確に分けられた上でそれぞれの民間消費支出，民間投資支出，政府支出（政府消費支出および政府投資支出）が総需要を構成すると説明される。ところがBailey（1971）は，その「第9章　政府の影響（Chapter 9 The Impact of Government）」において以下のように述べている。

　　政府による消費財および消費サービスへの支出は民間家計の厚生を増大させ

---

[1] 防衛支出が民間投資を抑制するのかどうかについての代表的かつ先駆的な研究事例としてはSmith（1980a）がある。Smithはその論文において両者の関係を実証的に検証すべく独自の定式化を行なっている。彼は1954～1973年のOECD加盟14ヶ国のデータを用いて時系列分析，クロス・セクション分析，プールド・データによる分析それぞれを行い，いずれの方法であれ防衛支出は民間投資をクラウド・アウトすることを明らかにした。Smith（1980a）の用いたモデルによる近年の研究事例としては，Gold（1997），Scott（2001）がある。Gold（1997）は共和分分析も加えて米国の1941～1988年のデータを用いて実証分析を行い，短期的および長期的な両者のトレード・オフ関係を明らかにしている。またScott（2001）は同様のモデルで1974～1996年の英国のデータを用いて，両者に明確なトレード・オフ関係が存在することを明らかにした。

る。政府による投資財への支出は、民間家計に対しても複数の手段によってその将来の産出を生み出すであろう。完全雇用下では、これらのうちのいずれかのタイプの政府支出が、民間消費のために家計がそのときに使用できる真の様々な資源のすべてを、したがって富の増加を減少させるのである。もしこのような事実を家計が正確に認識し評価するとすれば、間違いなく、政府を民間部門へと統合することができるのである。

　この点については、大半の著者が見逃してきたのである。というのもそのような大半の著者は、実際あたかも民間家計が政府が供給する財・サービスに関して無知であるかのように、政府に対して民間部門とは異なる別の役割を与えてきたからである（Bailey（1971），pp.152-153.日本語訳は著者による）。

　Bailey（1971）は、家計はたとえ租税を負担させられたとしても、政府によって供給される無料の食料や現金給付を含む政府支出 G を自らの所得として評価する、そして政府支出 G のうちその消費支出の部分 G_c を自らの消費に算入するとの考え方に基づき、民間消費 C と政府消費 G_c の合計 $C+G_c$ を全体の「消費」とし、この消費は、所得から租税を控除し政府支出を加えた「可処分所得 $Y-T+G$」に依存すると主張する。したがって、基礎消費を a、限界消費性向 b をとすれば、民間消費関数は

$$C = a - G_c + b(Y - T + G) \quad (3.1)$$

と表現されることになる。

　Bailey（1971）による議論から、有効消費の概念と政府支出の民間消費に対する代替性（substituability）の概念を導入したのが Barro（1981）である。彼はその論文の中で公的サービスの役割について次のように主張する。公的サービス（つまり政府により供給されるサービス）には2種類のサービスがある。1つは、家計の効用を直接左右するものであり、具体例としては公園、図書館、学校の給食プログラム、病院の助成、高速道路・運輸プログラムなどがこれに該当する。これらは民間消費支出を密接に代替する可能性を有するもので、従来の政府の役割に関する概念を逸脱するものではない。もう1つは、民間部門の様々な生産活動のプロセスに対して投入物となるものであり、具体例としては法体系、種々の防衛サービス、警察サービス、教育、そして規制に関する諸活動の供給が挙げられる。これらサービスは、民間部門の労働投入およ

び資本投入をきわめて代替するであろうと考えられる。法体系の供給や防衛サービスの供給は民間部門の各種生産要素の限界生産物を増大させるとも考えられる（Barro (1981), pp.1090-1091）。

Barro (1981) は，Bailey (1971) の主張を受け，民間部門の有効消費 C^* を，民間消費 C，政府支出 G およびそれによる民間消費の代替性を表すパラメータ θ を用いて以下のような式で表現した[2]。

$$C^* \equiv C + \theta \cdot G \quad (3.2)$$

この (3.2) 式において θ は

$$0 \leq \theta \leq 1 \quad (3.3)$$

の範囲の値をとる[3]。このとき家計は民間消費を減少させて貯蓄を増加させ，消費を平準化させるものと考えられている。

本章の構成は以下のようである。第2節では，政府支出の代替性あるいは補完性の議論の発端となった Bailey (1971) による主張と，それを受けて具体的にその概念を数式で表現し，政府支出が家計の効用を増大させることがあると論じた Barro (1981) の主張を概観した上で，過去の主要な研究事例を紹介し，実際の推定上の主な論点である「3つの不可分性」について説明される。第3節では本稿で推定する Evans and Karras (1998) のモデルを導出し，実証分析を行なう。そして第4節では結論と今後の課題が述べられる。

2. 先行研究

Barro (1981) 以降，この政府支出による代替性に関する実証的研究は多くの研究者によって，マクロ経済学におけるいくつかの代表的な消費理論の延長線上に積み重ねられることとなる[4]。Feldstein (1982) はいわゆるリカードの

---

[2] Barro (1981) においてはもちろん，以下で挙げる主要な過去の研究事例においても，消費や政府支出などのマクロ経済データの変数はすべて一人当たり (per capita) の概念で論じられるのが一般的である。

[3] 実際の推定では θ が (3.3) 式のような範囲を必ずしもとるとは限らないし，Barro (1981) が導入したのはあくまで代替性の概念だけであって，補完性の概念はまだその論文では導入されておらず，したがって θ が負の値をとることについてはまったく言及されていない。

等価定理を,米国の1930〜1977年の年次データ(ただし第2次世界大戦期間中の1941〜1946年は除かれている)を用いた11本の推定結果から検証している。その中の唯一の単純最小二乗法(OLS)による推定結果から,政府支出が民間消費を引き下げるとしても,それは政府支出の規模と同額,つまり100%ではなく,10%程度であること,そして残りの10本の推定結果からもリカードの等価定理は成立せず,種々の財政政策の有効性を,つまりケインジアンの財政政策は民間消費を刺激することを明らかにしている[5]。Kormendi (1983)はHall (1978),Flavin (1981),Hayashi (1982)などにより展開された消費の恒常所得仮説を検証するモデルを簡易化し,政府の財政政策に民間部門がどのような反応を示すのかについて,米国の1930〜1976年の年次データを用いて検証を行なった。彼はOLS,一般化最小二乗法(GLS),および変数の第1階差によるOLSそれぞれにより政府支出の代替性を検証した。その結果,いずれにおいても政府支出の代替性が0.22程度であることを実証的に明らかにした[6]。Aschauer (1985)は合理的期待形成とリカードの等価定理を結びつけ,オイラー方程式を応用することでその推定式を導出し,米国の1948年第1四半期から1981年第4四半期までの四半期データを用いてそれを推定している。その結果,政府支出の代替性は統計学的に有意であり,最小で0.23,最大で0.421であることを示した。Graham and Himarios (1991)は,上で述べた有効消費が,一方においては消費者の総資産である長期的な種々の所得フローの現在割引価値の一定割合と変動所得の合計により定義されること,他方におい

---

4 マクロ経済学における消費理論の1つである流動性制約仮説に関して,後続する多くの研究に対して最も影響を及ぼすこととなったのが,オイラー方程式を用いたアプローチから恒常所得仮説の検証を行なったHall (1978)である。Hayashi (1982)はHall (1978)の結果を修正し,ある一定割合の消費者は流動性制約に直面しているとの可能性を考慮し,そのような消費者は流動性制約に直面する結果,消費が現行所得に対して過剰に感応することを示したのである。またCushing (1992)は,やはりFlavin (1981)とHayashi (1982)のアプローチを用い,流動性制約が消費に対して強い影響を与えることを実証した。

5 Feldstein (1982)は後述する有効消費の概念や政府支出の代替性あるいは補完性について特に言及しているわけではない。

6 Kormendi (1983)はまた,推定期間を第2次世界大戦期(1941〜1946年)を除いた期間,第2次世界大戦終戦時まで混乱期(1930〜46年),第2次世界大戦後の静寂期(1947〜1976年)に分けても推定している。それらの推定結果はやはり有意な政府支出の代替性を統計学的に確認しており,代替性はそれぞれ0.20, 0.24, 0.17であることが示されている。

ては (3.2) 式のように民間消費と政府支出の一部の合計として表されることから，最終的に 2 本の推定式を導出している。彼らは米国の 1948~1986 年の年次データを用いて実証分析を行なっているが，導出した 2 本の推定式のうちの消費関数のみについて非線形操作変数法により推定した場合，政府支出は民間消費と有意な代替性を有し，その値は 3 本の推定結果ともに 0.31 前後であることを明らかにした[7]。

上述したすべての実証的研究では，政府支出は民間消費と代替的であるという点では一致しているが，政府支出が民間消費との間に統計学的に有意な補完性を持つ場合があることを実証的に明らかにしたのが Karras (1994) である。彼はオイラー方程式を応用して消費関数を導出し，30 ヶ国の 1950 年から 1980 年代半ばあるいは後半までの年次データを用いて実証分析を行なっている。その推定結果からは，多くの国で政府支出は民間消費に対して有意な補完性を有するか，あるいは両者の相関関係が有意ではないことを示している[8]。彼はさらに，政府支出の対 GDP 比が大きい国ほど補完性の程度も大きくなる傾向があり，そのような国では政府支出の増大は民間消費をクラウド・インする，つまり，民間消費の増大を導くのであり，その結果，貯蓄率を低下させると結論付けている。効用関数の定式化に際して様々な仮説を設定し，それらを推定することで政府支出の民間消費に対する代替性あるいは補完性を検証しているのが Ni (1995) である。彼は次節で述べる 3 つの不可分性に関して，非耐久消費財およびサービスに対する消費と耐久消費財ストックから得るサービスの消費とは不可分（つまり消費の概念から耐久消費財ストックの消費を除外しない），時間に関しては可分（つまり現在の消費は過去の消費からの影響を受けない），政府支出と民間消費は不可分（つまり政府支出は民間消費に影響を与える）という仮定のもとで代表的家計の効用関数を設定し，1 階の最適化条件を導出している。その際に，非耐久消費およびサービスに対する消費と耐久消

---

7 Graham and Himarios (1991) は民間消費を非耐久消費財支出とサービス支出の合計として定義している。

8 Karras (1994) により統計学的に有意な代替性が確認されているのはパナマだけである。また，制約付き非線形 2 段階最小二乗法による推定結果から，日本の政府支出は民間消費と統計学的に有意な代替性あるいは補完性を有していないことが明らかにされている。米国は分析の対象となっている 30 ヶ国に含まれていない。

費財の不可分性の表現方法として両者を単純に足し合わせる加法型とコブ＝ダグラス型の2種類と，政府支出と民間消費の不可分性の表現方法として (3.2)式で表されるような線形型，コブ＝ダグラス型および CES 型の3種類を組み合わせることで1階の最適化条件を具体的に表現し，それら12本を一般化積率法 (GMM) により推定している。米国の1947～1992年の四半期データを用いた12本の推定結果からは，上で述べた不可分性に関する表現方法と推定に使用される利子率に関する指標が異なれば推定結果も異なり，統計学的に有意な代替性と補完性がともに確認されている。

さて，マクロ経済学における消費理論の1つとして流動性制約仮説がある。Cushing (1992) は一国経済の人口が2つのグループ，つまり流動性制約に直面した消費行動をとる人々のグループと，恒常所得仮説に従った消費行動をとる人々のグループとから構成されていると仮定し，それぞれの消費関数を結合させて推定式を導出して，流動性制約が消費行動にどのような影響を及ぼすかを実証しているが，このモデルに有効消費の概念を組み込んだ上で推定式を導出し，政府支出の代替性および補完性を同時に検証したのが Evans and Karras (1996) である。彼らは54ヶ国の1950～1990年の年次データを用いて実証分析を行なっている。パラメータに制約を設けずに基本モデルを推定した場合，政府支出全体を説明変数として用いたときに54ヶ国中13ヶ国のみが，そして政府消費のみを説明変数として用いたときには54ヶ国中8ヶ国のみが，それぞれ有意な代替性あるいは補完性を有することを明らかにしている[9]。特に防衛経済学的観点から付け加えるならば，彼らは推定結果から，防衛支出の対政府支出比と政府支出の代替性の大きさは有意な負の相関関係を有していることを明らかにしている。さらに Evans and Karras (1998) は 1996年の研究を発展させ，有効消費を構成する政府支出を防衛支出と非防衛支出とに分けた上で効用関数を設定し，66ヶ国について1970～1989年の年次データでパネル分析を行っている。その推定結果から，操作変数を用いない基本モデルを推定した場合，固定効果としては，防衛支出は民間消費と有意な代替性あ

---

9 例えば本章で分析対象となっている米国は政府支出全体の代替性は 0.19 であるが t 値が約 0.79，日本については政府支出全体の代替性は−1.34（つまり補完的である）であるが，やはり t 値が約−0.82 と低く，それぞれ有意にゼロとは異ならないという結果が示されている。

るいは補完性を有しておらず，非防衛支出は民間消費と有意な代替性を有することが明らかにされている。しかし，操作変数を用いて推定した場合には，防衛支出が民間消費と有意な補完性を有し，この補完性の大きさは防衛支出の対GDP 比と有意な正の相関関係を有すること，逆に非防衛支出は有意な代替性あるいは補完性を有さないことが明らかにされている[10]。

これまでに示されてきた研究事例とは大きく異なるアプローチで政府支出と民間消費の代替性を検証しているのが Fleissig and Rossana (2003) である。彼らは伸縮的フーリエ関数型効用関数を設定し，需要システムによるアプローチで，3種類の政府支出（連邦政府防衛支出，連邦政府非防衛支出，州・地方政府支出）と3種類の民間消費支出（非耐久消費財消費支出，サービス消費支出，耐久消費財ストック消費支出）それぞれについて Morishima の代替弾力性を検証している。米国の 1946〜1996 年の四半期データを用いた推定結果から，各種政府支出と消費支出が純 Morishima 代替性を有し，それらの弾力性は推定期間を通じて変動的であったことを明らかにしている。また，防衛経済学的な観点から彼らの研究成果について言及しておけば，特に連邦政府防衛支出と各種消費支出の代替弾力性は推定期間を通じて変動が激しく，各種消費財価格の変動に応じて連邦政府支出は他の2種類の政府支出に比べて代替性が弱いことを明らかにしている。

3. 実証分析に際しての主な論点

政府支出の民間消費の代替性および補完性に関して行なわれてきた過去の研究には実証分析が伴うものであるが，その際，いくつかの論点がある。これを簡潔に要約しているのが Ni (1995, pp.595-598) である。以下に，それら主要な3点についてまとめ，次節で実証分析を行なうこととする。

---

[10] 国別の推定結果について，ここでも日本と米国についてのみ挙げておけば，θ^m については日本が -6.10，米国が -3.58，θ^{nm} については日本が -0.97，米国が -0.78 であり，両国ともに防衛支出と非防衛支出は民間消費に対して補完的であることが示されている。

3.1 耐久消費財と非耐久消費財の不可分性

実証分析における第 1 の論点は，耐久消費財の消費と非耐久消費財・サービスの消費は不可分である（nonseparable）かどうか，つまり民間消費を両者の合計とするか，それとも前者を除いて非耐久消費財とサービスに対する支出とするかどうかについてである。もし，耐久消費財から受ける様々なサービスを非耐久消費財に加えることが可能であるとすれば，このとき t 期における民間消費 c_t は

$$c_t = c_t^N + d_t^* \quad (3.4)$$

と表すことができる。ここで，c_t^N は非耐久消費財・サービスの消費，d_t^* は耐久消費財ストックから得られるサービスのフローである。この場合，c_t^N と d_t^* それぞれの消費からは同一の限界効用が得られることになる。

ここで問題となるのが，耐久消費財から得られるサービスを効用関数にいかに組み込むかである。その 1 つの方法を示しているのが Dunn and Singleton (1986) である。彼らは

$$c_t = (c_t^N)^\rho (d_t^N)^{1-\rho} \quad (3.5)$$

というコブ＝ダグラス型による民間消費の表現を行なった。(3.5) 式において，

　$\rho = 1$ のとき民間消費は非耐久消費財の消費

　$0 < \rho < 1$ のとき非耐久消費財と耐久消費財から得られるサービスのフローは不可分

となる。また，

$$d_t^N = \delta(k_{t-1} + d_t) \quad (3.6)$$

と表すことができる。ここで，k_{t-1} は前期末における耐久消費財ストック，d_t は今期における耐久消費財の新規購入額，δ（$0 < \delta < 1$）は減価償却率である[11]。よって今期末における耐久消費財ストックは

$$k_t = (1-\delta)(k_{t-1} + d_t) \quad (3.7)$$

と表すことができる。

11　Campbell and Mankiw (1990) は四半期の δ を 0.06 と設定している。

3.2 効用関数における時間の不可分性

実証分析における第2の論点は，効用関数における時間の不可分性，つまり，今期の民間消費に前期の消費からの影響を加えるかどうかについてである。

非耐久消費財の中には靴や衣服のように1四半期，場合によっては1年以上使用できる財が含まれていること，過去の消費が習慣を形成し，それらが個人の今期の消費水準に対する評価の参照となる可能性があること，そして，公共財に対する政府支出は民間消費に対して持続的な影響を及ぼす傾向があることをどのように考慮するかが問題となる。

さて，E を数学的期待値，β を経済主体の主観的割引率，ω および $1-\omega$ を今期の効用における今期および前期の有効消費のウェイトとすれば，合理的な代表的経済主体の効用関数は以下のように表すことができる。

$$E_0 \sum_{t=0}^{\infty} \beta^t u[\omega c_t^* + (1-\omega) c_{t-1}^*], \omega > 0 \quad (3.8)$$

この (3.8) 式において，$\omega = 1$ のとき効用関数は時間可分性を有する。$0 < \omega < 1$ のとき前期の有効消費 c_{t-1}^* が今期の有効消費 c_t^* に対して正の影響を及ぼし，効用関数は部分耐久的 (locally durable) と呼ばれ，時間不可分性を有する。さらに $\omega > 1$ のとき前期の有効消費 c_{t-1}^* が今期の有効消費 c_t^* に対して負の影響を及ぼし，効用関数は習慣持続的 (habit persistent) と呼ばれ，時間不可分性を有する。このような時間の不可分性を考慮するかどうかによって，過去の実証的研究において異なる成果が生まれてきたのである。

3.3 民間消費と政府支出（政府購入）の不可分性

実証分析における第3の論点は，政府支出と民間消費の不可分性に関する表現，そして両者の代替性および補完性の定義に関するものである。

前者については2つの表現がある。1つは Barro (1981)，Feldstein (1982)，Kormendi (1983)，Aschauer (1985)，Graham and Himarios (1991)，Karras (1994)，そして Evans and Karras (1996, 1998) が用いているように，今期の有効消費 c_t^* を今期の民間消費 c_t と今期の政府支出 g_t との線形関係

$$c_t^* = c_t + \theta \cdot g_t \quad (3.9)$$

で表現する方法である。ここでパラメータ θ は，政府支出による民間消費の家計の効用に関する限界代替率を表すとされる。

　もう1つの方法は，Campbell and Mankiw（1991）が用いているように，今期の有効消費 c_t^* を今期の民間消費 c_t と今期の政府支出 g_t とコブ＝ダグラス型による表現方法

$$c_t^* = c_t^{\alpha} \cdot g_t^{1-\alpha} \quad (3.10)$$

である。以下でも示すように，本章では Evans and Karras（1998）に従い，政府支出を防衛支出と非防衛支出とに分けた上で，(3.8) 式による表現方法を適用している。

　さて，$U(c_t, g_t)$ を効用関数とするとき，民間消費 c_t と政府支出 g_t の代替性は

$$U_{c_t g_t} = \frac{\partial^2 U}{\partial c_t \partial g_t} \quad (3.11)$$

で表すことができる。このとき，① $U_{c_t g_t} < 0$，つまり g_t の増加が c_t からの限界効用を低下させるとき，両者は代替的であり，不可分性を有する，② $U_{c_t g_t} = 0$ のとき，つまり g_t の増加が c_t からの限界効用を増加も低下もさせないとき，両者は独立的であり，可分性を有する，③ $U_{c_t g_t} = 0$，つまり g_t の増加が c_t からの限界効用を低下させるとき，両者は補完的であり，不可分性を有すると定義される。したがって，

　　$\theta > 0$ のとき $U_{c_t g_t} < 0$ 　(3.12)

　　$\theta = 0$ のとき $U_{c_t g_t} = 0$ 　(3.13)

　　$\theta < 0$ のとき $U_{c_t g_t} > 0$ 　(3.14)

が成立し，(3.12) 式のような場合には「c_t と g_t は代替的」，(3.13) 式のような場合には「c_t と g_t は独立的」，また (3.14) 式のような場合には「c_t と g_t は補完的」と表現され，本章でもこの表現を用いることとする。

4. 定式化

　今，第 i 国経済の消費者は t 期において

$$c_{i,t}^* = c_{i,t} + \theta_i^m g_{i,t}^m + \theta_i^{nm} g_{i,t}^{nm} \quad (3.15)$$

と定義される有効消費 c^* から効用を得ると仮定する。ここで c は民間消費支出，$g_{i,t}^m$ および $g_{i,t}^{nm}$ はそれぞれ政府支出のうち防衛支出と非防衛支出である。また，θ_i^m および θ_i^{nm} はともにパラメータであり，それぞれ民間消費支出 c と防衛支出 $g_{i,t}^m$ および非防衛支出 $g_{i,t}^{nm}$ それぞれとの間の代替性あるいは補完性の程度を表す。代表的消費者は今期から将来にわたって有効消費 c^* から得られる効用の総和

$$E_0 \sum_{t=0}^{\infty} \beta_i^t u(c_{i,t}^*) \quad (3.16)$$

を最大化しようとすると仮定する。ここで E は数学的期待値，β は主観的割引要因であり，効用関数において時間の可分性が仮定されている。また，限界効用は逓減する，つまり u に関して1階の導関数は正（$u'>0$）かつ2階の導関数は負（$u''<0$）であると仮定する。θ_i^m または θ_i^{nm} が正の値であるとき，政府による防衛支出または非防衛支出はそれらの増大が限界効用を逓減させるという意味において民間消費支出と代替的であることを意味する。そして，θ_i^m または θ_i^{nm} が大きい正の値であるほど，それだけそれらが民間消費を代替するのである。他方，θ_i^m または θ_i^{nm} が負の値であるとき，政府による防衛支出または非防衛支出はそれらの増大が限界効用を増大させるという意味において民間消費支出と補完的であることを意味する。そして，θ_i^m または θ_i^{nm} が大きい負の値であるほど，それだけそれらが民間消費支出を補完するのである[12]。

ここでは Hayashi（1982），Campbell and Mankiw（1989）および Evans and Karras（1998）にしたがって，(3.16) 式を最大化するよう行動するのは当該国経済を構成する人々のうちの一部であると仮定する。つまり，それら当該国経済を構成する人々にはタイプ1とタイプ2の2種類の消費者が存在すると想定する。タイプ1の消費者は上で示したような (3.16) 式の最大化行動をとり，したがってタイプ1の消費者の有効消費はランダムウォーク過程に従うものと考え，

---

[12] Evans and Karras（1998）は，実証分析を行なう前の事前的な考察の中で，政府による防衛支出は教育や医療といった非防衛政府支出に比べて民間消費支出との代替性が低いか，もしくは補完性が高い，つまり $\theta^m < \theta^{nm}$ となるであろうと述べている。

$$c^*_{1,i,t} = \alpha_i + c^*_{1,i,t-1} + u_{i,t} \quad (3.17)$$

のように表される。$u_{i,t}$ はホワイトノイズである。ここでタイプ1の消費者の有効消費は

$$c^*_{1,i,t} = c_{1,i,t} + \theta_i^m g_{i,t}^m + \theta_i^{nm} g_{i,t}^{nm} \quad (3.18)$$

と定義される。(3.18)式から

$$c^*_{1,i,t-1} = c_{1,i,t-1} + \theta_i^m g_{i,t-1}^m + \theta_i^{nm} g_{i,t-1}^{nm} \quad (3.19)$$

よって(3.17)式,(3.18)式および(3.19)式から

$$\Delta c_{1,i,t} = \alpha_i - \theta_i^m \Delta g_{i,t}^m - \theta_i^{nm} \Delta g_{i,t}^{nm} + u_{i,t} \quad (3.20)$$

が得られる。ここで Δ は1階の階差を表す。

さて,タイプ2の消費者は,流動性制約に直面した消費行動

$$c_{2,i,t} = \lambda_i y_{i,t} \quad (3.21)$$

をとるものと仮定する。ここで当該国の可処分所得に占めるタイプ2の消費者の消費支出の割合を表す λ は時間の経過とは無関係に一定であると仮定する。(3.21)式より

$$\Delta c_{2,i,t} = \lambda_i \Delta y_{i,t} \quad (3.22)$$

また,

$$\Delta c_{1,i,t} + \Delta c_{2,i,t} = \Delta c_{i,t} \quad (3.23)$$

であり,よって(3.20)式,(3.22)式および(3.23)式から

$$\Delta c_{i,t} = \alpha_i + \lambda_i \Delta y_{i,t} - \theta_i^m \Delta g_{i,t}^m - \theta_i^{nm} \Delta g_{i,t}^{nm} + u_{i,t} \quad (3.24)$$

が得られ,これが推定式となる。ただし,推定結果を吟味する際には,θ_i^m および θ_i^{nm} の符号がタイプ1の消費者の有効消費を表す(3.18)式と(3.24)式の中でプラスとマイナスが入れ替わっている点には注意が必要である。

5. 実証分析

さて,(3.23)式の説明変数および被説明変数はすべて一人当たりの支出金額に関してすでに1階の階差をとったものであるが,まず各変数をレベルで推定し,その上で誤差項の単位根検定と共和分検定を経て1階の階差をとった誤差修正モデル(ECM)を推定することでも定数項とそれぞれの推定係数値を

得ることができる。よって本節ではまずレベルでの各変数の単位根検定を行い，すべての変数が次数 0 で単位根ありとの帰無仮説を棄却できるかどうかを検証し，もし同帰無仮説を棄却できなければ共和分検定に進む。共和分検定ではレベルの変数を用いて OLS で下記（3.25）式

$$c_{i,t} = \beta_{i,0} + \beta_{i,1} y_{i,t} - \beta_{i,2} g_{i,t}^m - \beta_{i,3} g_{i,t}^{nm} + e_{i,t} \quad (3.25)$$

を推定してその誤差項の単位根検定を行ない，加えて Johansen の共和分検定を行なう。そこで説明変数と被説明変数の間に共和分が存在するとの帰無仮説を棄却できなければ（3.25）式の各変数に関して 1 階の階差をとり，(3.25) 式の推定結果から得られる誤差項を考慮した下の（3.26）式で表される ECM を推定する。

$$\Delta c_{i,t} = \alpha_i + \lambda_i \Delta y_{i,t} - \theta_i^m \Delta g_{i,t}^m - \theta_i^{nm} \Delta g_{i,t}^{nm} + \delta e_{i,t-1} + u_{i,t} \quad (3.26)$$

ここで δ は誤差修正項（ECT），$e_{i,t-1}$ は（3.25）式における前期の誤差項，$u_{i,t}$ は（3.26）式の誤差項である。

5.1 記述統計
5.1.1 日本

表 3.1 記述統計（日本，レベル，100 万円）

変数	1980 年 I 〜1991 年 IV ($n=48$)				1995 年 I 〜2016 年 IV ($n=88$)			
	最小値	最大値	平均値	標準偏差	最小値	最大値	平均値	標準偏差
pc	0.358	0.534	0.431	0.048	0.457	0.590	0.525	0.032
$pcsep$	0.302	0.423	0.357	0.033	0.465	0.533	0.502	0.015
y	0.381	0.573	0.465	0.053	0.456	0.632	0.555	0.043
g^m	0.005	0.009	0.007	0.001	0.008	0.010	0.009	0.001
g^{nm}	0.119	0.204	0.156	0.018	0.207	0.256	0.232	0.013

(注) 実質化は冷戦期については 2000 年基準連鎖価格，ポスト冷戦期については 2011 年基準連鎖価格による。
(出所) 筆者作成。

表 3.2　記述統計（日本，第 1 階差，100 万円）

変　数	1980 年 II ～ 1991 年 IV ($n=47$)				1995 年 II ～ 2016 年 IV ($n=87$)			
	最小値	最大値	平均値	標準偏差	最小値	最大値	平均値	標準偏差
Δpc	-0.044	0.038	0.004	0.025	-0.039	0.022	0.001	0.014
$\Delta pcsep$	-0.032	0.022	0.003	0.016	-0.026	0.017	0.001	0.012
Δy	-0.018	0.029	0.004	0.013	-0.146	0.085	0.002	0.068
Δg^m	-0.002	0.002	0.000	0.001	-0.002	0.002	0.000	0.001
Δg^{nm}	-0.025	0.029	0.001	0.018	-0.025	0.033	0.000	0.015

（注）実質化は冷戦期については 2000 年基準連鎖価格，ポスト冷戦期については 2011 年基準連鎖価格による。
（出所）筆者作成。

　日本の推定に用いた各変数の記述統計は表 3.1 および表 3.2 に示されている。pc は一人当たり実質国内家計実現最終消費支出，$pcsep$ は一人当たり実質耐久財可分国内家計実現最終消費支出，y は一人当たり実質家計可処分所得，g^m は一人当たり実質防衛関連費，g^{nm} は一人当たり実質非防衛政府支出である。データの出所は内閣府（http://www.cao.go.jp/）による『2009 年度国民経済計算（2000 年基準・93SNA』，『2015 年度国民経済計算（2011 年基準・2008SNA)』，財務省（http://www.mof.go.jp/）による『財政資金対民間収支』(http://www.mof.go.jp/exchequer/reference/receipts_payments/index.htm)，国立社会保障・人口問題研究所『人口統計資料集』各年版（http://www.ipss.go.jp/syoushika/tohkei/Popular/Popular2017RE.asp?chap=0)，総務省統計局『人口推計（平成 28 年 10 月 1 日現在)』(http://www.stat.go.jp/data/jinsui/2016np/index.htm）である。日本の場合，『国民経済計算』の中で防衛関連費の四半期データを得ることはできないので財務省『財政資金対民間収支』の防衛関連費をセンサス局法 X-12 により季節調整を行ない，政府最終消費支出デフレータに 0.75 の，公的総固定資本形成デフレータに 0.25 のウェイトを与えた加重平均値とする西川（1984）のデフレータを用いて実質化し，家計可処分所得の実質化には国民総所得デフレータを使用した。また，一人当たり実質耐久財可分国内家計実現最終消費支出は実質国内家計実現最終消費支出から「家計の形態別最終消費支出の構成」の「耐久財」を控除し，人口で除することによって算出した。

5.1.2 米国

表 3.3 記述統計（米国，冷戦期，レベル，100万ドル，2009年連鎖価格）

変数	1980年Ⅰ～1991年Ⅳ ($n=48$)			
	最小値	最大値	平均値	標準偏差
pc	0.017	0.023	0.020	0.002
$pcsep$	0.016	0.021	0.019	0.002
y	0.020	0.026	0.023	0.002
g^m	0.002	0.003	0.002	0.000
g^{nm}	0.005	0.006	0.006	0.000
g^{mc}	0.002	0.002	0.002	0.000
g^{nmc}	0.004	0.005	0.005	0.000

（出所）筆者作成。

表 3.4 記述統計（米国，冷戦期，第1階差，1,000ドル，2009年連鎖価格）

変数	1980年Ⅱ～1991年Ⅳ ($n=47$)			
	最小値	最大値	平均値	標準偏差
Δpc	-4.601	0.338	0.003	0.703
$\Delta pcsep$	-4.572	0.270	-0.005	0.690
Δy	-0.349	0.408	0.112	0.184
Δg^m	-0.094	0.098	0.013	0.046
Δg^{nm}	-0.183	0.121	0.022	0.057
Δg^{mc}	-0.084	0.070	0.008	0.034
Δg^{nmc}	-0.191	0.100	0.016	0.047

（出所）筆者作成。

表 3.5 記述統計（米国，ポスト冷戦期，レベル，100万ドル，2009年連鎖価格）

変数	1992年Ⅰ～2001年Ⅱ ($n=38$)				2001年Ⅲ～2016年Ⅳ ($n=62$)			
	最小値	最大値	平均値	標準偏差	最小値	最大値	平均値	標準偏差
pc	0.023	0.029	0.026	0.002	0.029	0.036	0.033	0.002
$pcsep$	0.021	0.027	0.024	0.002	0.027	0.031	0.029	0.001
y	0.026	0.032	0.028	0.002	0.032	0.039	0.036	0.002
g^m	0.002	0.002	0.002	0.000	0.002	0.003	0.002	0.000
g^{nm}	0.006	0.007	0.007	0.000	0.007	0.008	0.007	0.000
g^{mc}	0.001	0.002	0.002	0.000	0.001	0.002	0.002	0.000
g^{nmc}	0.005	0.006	0.005	0.000	0.005	0.006	0.006	0.000

（出所）筆者作成。

表 3.6 記述統計（米国，ポスト冷戦期，第1階差，1,000ドル，2009年連鎖価格）

変数	1992年Ⅱ～2001年Ⅱ ($n=37$)				2001年Ⅳ～2016年Ⅳ ($n=62$)			
	最小値	最大値	平均値	標準偏差	最小値	最大値	平均値	標準偏差
Δpc	-0.001	0.390	0.176	0.099	-0.471	0.372	0.111	0.155
$\Delta pcsep$	0.009	0.303	0.143	0.075	-0.207	0.275	0.073	0.104
Δy	-0.104	0.538	0.158	0.145	-1.634	0.897	0.104	0.376
Δg^m	-0.123	0.073	-0.016	0.052	-0.102	0.139	0.003	0.046
Δg^{nm}	-0.044	0.128	0.023	0.038	-0.106	0.100	-0.005	0.041
Δg^{mc}	-0.120	0.077	-0.012	0.045	-0.068	0.125	0.002	0.038
Δg^{nmc}	-0.041	0.071	0.016	0.024	-0.073	0.058	-0.002	0.029

（出所）筆者作成。

米国の推定に用いた各変数の記述統計は表 3.3～3.6 に示されている。100万ドルで表されたレベルの各変数の第 1 階差をとると各値が非常に小さくなるため第 1 階差の記述統計では単位を 1,000 ドルにしている。pc は一人当たり実質個人消費支出，$pcsep$ は一人当たり実質耐久財可分個人消費支出，y は一人当たり実質個人可処分所得，g^m は一人当たり実質防衛支出，g^{nm} は一人当たり実質非防衛政府支出，g^{mc} は一人当たり実質防衛消費支出，g^{nmc} は一人当たり実質非防衛政府消費支出である。使用するデータは 1980 年第 1 四半期から 2016 年第 4 四半期までの名目個人消費支出，名目耐久財個人消費支出，名目個人可処分所得，名目連邦政府防衛支出，名目連邦政府非防衛支出，名目連邦政府防衛消費支出，名目連邦政府非防衛消費支出，人口，2009 年を基準とする各支出の連鎖価格指数であり，すべて米国商務省統計分析局（BEA）のウェブ・ページ "*National Income and Product Account*" の "*Interactive Data*" から取得した。

5.2 単位根検定
5.2.1 日本

表 3.7 ADF 検定の結果（日本，冷戦期）

変数	次数	定数項なし トレンドなし	定数項あり トレンドなし	定数項あり トレンドあり
pc	0	3.835	2.198	-0.702
	1	-0.797	-3.701 †	-4.499 *
	2	-4.130 ***	—	—
$pcsep$	0	4.909	1.459	-1.313
	1	-0.244	-4.875 ***	-5.072 ***
	2	-4.449 ***	—	—
y	0	6.706	2.450	-1.225
	1	-0.476	-22.513 ***	-6.619 ***
	2	-10.876 ***	—	—
g^m	0	4.821	-0.883	-3.581 *
	1	-0.442	-14.146 ***	—
	2	-6.901 ***	—	—
g^{nm}	0	2.358	1.415	-1.044
	1	-2.635 *	-3.416 *	-3.929 *

（注）表中の***, **および*は各変数が単位根を持つとの帰無仮説を当該次数においてそれぞれ 0.1%, 1%および 5%で棄却できることを表している。

表 3.8 ADF 検定の結果（日本，ポスト冷戦期）

変数	次数	定数項なし トレンドなし t 値	定数項あり トレンドなし t 値	定数項あり トレンドなし t 値
pc	0	2.294	-1.027	-3.384 †
	1	-4.253 ***	-4.973 ***	—
$pcsep$	0	1.622	-1.685	-3.191 †
	1	-2.977 **	-3.364 **	—
y	0	1.087	-1.690	-3.293 †
	1	-2.278 *	-4.973 ***	—
g^m	0	1.484	-1.207	-1.637
	1	-7.987 ***	-8.196 ***	-6.356 ***
g^{nm}	0	0.884	-2.091	-2.380
	1	-3.626 ***	-3.743 ***	-3.719 ***

（注）表中の***, **, *および†は各変数が単位根を持つとの帰無仮説を当該次数においてそれぞれ 0.1%, 1%, 5%および 10%で棄却できることを表している。

冷戦期（1980 年第 1 四半期〜1991 年第 4 四半期）とポスト冷戦期（1995 年第 1 四半期〜2016 年第 4 四半期）における日本の各変数の拡張版 Dickey-Fuller 検定（ADF 検定）の結果は表 3.7 および表 3.8 に示されている[13]。

---

[13] 本章では冷戦期をソ連が崩壊した 1991 年第 4 四半期まで，ポスト冷戦期を 1992 年第 1 四半期以降としている。内閣府『2009（平成 21）年度 国民経済計算確報（2000 年基準・1993SNA）』を用いれば 1992 年第 1 四半期からのデータを入手できる反面，2010 年第 1 四半期までしか入手できない。『2009 年度国民経済計算（2000 年基準・93SNA』，『2015 年度国民経済計算（2011 年基準・2008SNA）』に掲載されている四半期データは 1995 年第 1 四半期からになるが 2017 年第 1 四半期まで使用できる。本章ではなるべく最近のデータを用いて推定することを優先し，後者を使用した。

冷戦期に関しては3種類すべてのADF検定において次数0で単位根ありとの帰無仮説を棄却できる変数はなく，すべての変数について3種類のADF検定のいずれかにおいて次数1で単位根ありとの帰無仮説を棄却することができる。ポスト冷戦期に関しては，*pc*, *pcsep*, *y* が定数項とトレンドをともに加えた場合には次数0で単位根ありとの帰無仮説を棄却できるが，それらを除けばすべて次数1で同帰無仮説を棄却できる。

5.2.2 米国

表3.9 ADF検定の結果（米国，冷戦期）

1980年Ⅰ－1991年Ⅳ

変数	次数	定数項なし トレンドなし	定数項あり トレンドなし	定数項あり トレンドあり
pc	0	-0.090	-1.256	2.698
	1	-1.070	1.451	1.090
	2	-3.135 **	-3.127 **	-3.648 ***
pcsep	0	-2.207 *	-2.012	2.604
	1	—	1.646	1.426
	2	—	-2.696 †	-3.298 †
y	0	4.079	-0.694	-1.211
	1	-2.850 **	-6.637 ***	-6.741 ***
	2	—	—	—
g^m	0	1.694	-2.138	0.936
	1	-5.441 ***	-5.803 ***	-6.948 ***
g^{nm}	0	2.700	0.844	-3.298 †
	1	-5.711 ***	-6.436 ***	—
g^{mc}	0	1.512	-1.940	-0.596
	1	-7.067 ***	-7.501 ***	-8.065 ***
g^{nmc}	0	2.355	0.160	-2.886
	1	-6.349 ***	-6.923 ***	-7.067 ***

（注）表中の***，**，*および†は各変数が単位根を持つとの帰無仮説を当該次数においてそれぞれ0.1％，1％，5％および10％で棄却できることを表している。

表3.10 ADF検定の結果（米国，ポスト冷戦・テロ前期）

1992年Ⅰ－2001年Ⅱ

変数	次数	定数項なし トレンドなし	定数項あり トレンドなし	定数項あり トレンドあり
pc	0	11.346	-1.449	-3.529 †
	1	-0.766	-1.570	—
	2	-8.007 ***	-7.906 ***	—
pcsep	0	3.355	-0.189	-4.085 *
	1	-0.988	-1.877	—
	2	-10.335 ***	-10.205 ***	—
y	0	6.854	1.642	-2.751
	1	-2.274 *	-3.341 *	-3.531 *
g^m	0	-3.543 ***	-5.804 ***	-1.215
	1	—	—	-8.905 ***
g^{nm}	0	2.271	3.016	-1.067
	1	-1.957 *	-2.905 †	-4.675 **
g^{mc}	0	-3.432 **	-4.503 ***	-0.650
	1	—	—	-8.317 ***
g^{nmc}	0	4.278	2.253	-0.733
	1	-0.853	-4.925 ***	-5.809 ***
	2	-8.035 ***	—	—

（注）表中の***，**，*および†は当該次数において単位根ありとの帰無仮説を当該次数においてそれぞれ0.1％，1％，5％および10％で棄却できることを表している。

表 3.11 ADF 検定の結果（米国，ポストテロ期）

変数	次数	定数項なし トレンドなし	定数項あり トレンドなし	定数項あり トレンドあり
		2001年III—2016年IV		
pc	0	1.519	-0.722	-2.213
	1	-1.815 †	-2.411	-2.395
	2	—	-11.912 ***	-11.799 ***
$pcsep$	0	1.558	-0.955	-1.985
	1	-2.445 **	-2.948 **	-2.907
	2	—	—	-10.196 ***
y	0	2.926	-0.949	-2.701
	1	-9.300 ***	-10.352 ***	-10.280 ***
g^m	0	-0.620	-2.795 †	-2.750
	1	-2.336 *	—	-2.326
	2	—	—	-4.425 **
g^{nm}	0	-1.164	-1.428	-1.883
	1	-3.386 ***	-3.538 *	-3.387 †
g^{mc}	0	-0.382	-2.767 †	-2.658
	1	-1.510	—	-2.395
	2	-4.474 ***	—	-4.4065 **
g^{nmc}	0	-0.691	-2.121	-2.637
	1	-2.770 **	-2.808 †	-2.737
	2	—	—	-12.384 ***

（注）表中の***，**，*および†は当該次数において単位根ありとの帰無仮説を当該次数においてそれぞれ 0.1％，1％，5％および 10％で棄却できることを表している。

冷戦期（1980 年第 1 四半期～1991 年第 4 四半期），ポスト冷戦・テロ前期（1992 年第 1 四半期～2001 年第 2 四半期）およびポストテロ期（2001 年第 3 四半期～2016 年第 4 四半期）における米国の各変数の ADF 検定の結果は表 3.9～3.11 に示されている．

冷戦期に関しては 3 種類すべての ADF 検定において次数 0 で単位根ありとの帰無仮説を棄却できる変数はない．ただし pc はいずれにおいても次数 0 でも 1 でも単位根ありとの帰無仮説を棄却できず次数 2 で棄却することができている．$pcsep$ は定数項とトレンドがともにない場合には次数 0 で単位根ありとの帰無仮説を棄却できており，定数項のみ加えた場合と定数項とトレンドをともに加えた場合には次数 2 で同帰無仮説を棄却できる．ポスト冷戦・テロ前期

においても3種類すべてのADF検定において次数0で単位根ありとの帰無仮説を棄却できる変数はない。しかし，*pc*および*pcsep*は定数項とトレンドがない場合と定数項のみ加えた場合においては次数2で，また，定数項とトレンドをともに加えた場合には次数0で同帰無仮説を棄却でき，すべてにおいて次数1では棄却できない。最後にポストテロ期では3種類いずれかのADF検定において次数1で単位根ありとの帰無仮説を棄却できる。

5.3 長期均衡の推定結果

ここではまずレベルの変数を用いて（3.25）式で表される長期的関係をOLSで推定し，Engle and Granger (1987) の方法で被説明変数と説明変数との間に共和分関係があるかどうかを検証する。

5.3.1 日本

表3.12 長期的均衡の推定結果（日本，OLS，n=48）

推定期間	1980年I～1991年IV		1995年I～2016年IV	
推定式番号	(3.1)	(3.2)	(3.3)	(3.4)
被説明変数	pc	$pcsep$	pc	$pcsep$
説明変数	推定係数 t値	推定係数 t値	推定係数 t値	推定係数 t値
定数項	-0.078 *** -5.013	0.007 0.650	0.230 *** 10.348	0.287 *** 16.818
y	0.222 * 2.480	0.076 0.900	0.173 *** 13.725	0.190 *** 22.286
g^m	-10.516 *** -4.354	-2.338 -1.184	0.851 *** 6.183	0.658 *** 6.366
g^{nm}	0.922 *** 11.754	0.512 *** 9.444	0.344 *** 4.749	0.189 *** 3.290
trend	0.002 *** 7.156	0.002 *** 6.202	0.001 *** 21.117	0.000 *** 8.422
adj. R^2	0.881	0.928	0.946	0.862
SE	0.009	0.009	0.007	0.006
DW	1.305	1.981	0.809	0.580
BG_{LM}	21.060 ***	34.404 ***	37.510 ***	48.385 ***
JB	0.002	1.275	0.575	0.321
BP_{Hetero}	6.986	19.041 ***	7.290	13.872 ***
W_{Hetero}	15.199	31.356 **	16.946	24.669 *
F	222.653 ***	153.544 ***	385.469 ***	137.306 ***

（注）表中の***および**はそれぞれ0.1％および1％で有意であることを表している。

日本に関する被説明変数と説明変数の長期的均衡を表す (3.25) 式の推定結果は表 3.12 に示されている。ここで $adj. R^2$ は自由度修正済み決定係数, SE は標準誤差, DW は Durbin-Watson 検定統計量, BG_{LM} は次数を 4 とする誤差項の系列相関を検定する Breusch-Godfrey のラグランジュ乗数（LM）検定統計量, JB は誤差項の正規分布を検定する Jarque-Bera 検定統計量, BP_{Hetero} と W_{Hetero} はそれぞれ誤差項の均一分散を検定する Breusch-Pagan 検定統計量と White 検定統計量, F は F 検定統計量である。推定に際してはタイム・トレンドを組み込んでいる。Durbin-Watson 検定統計量から誤差項に 1 次の系列相関がないとの帰無仮説を推定式番号 (3.1) では 5% 水準では棄却できるが 1% 水準では棄却できるかどうか判定ができず, 推定式番号 (3.2) では 1% 水準で棄却できず, 推定式番号 (3.3) および (3.4) では 1% 水準で棄却できる。また 4 本すべての推定式において Breusch-Godfrey の LM 検定の結果により誤差項に 4 次の系列相関なしとの帰無仮説を 0.1% 水準で有意に棄却することができる。また 4 本とも Jarque-Bera 検定統計量は誤差項の分散が正規分布であるとの帰無仮説を棄却していない。ここで Breusch-Pagan 検定統計量をみると第 2 列と第 4 列の推定式において分散は均一であるとの帰無仮説がそれぞれ 1% 水準および 0.1% 水準で有意に棄却されている。したがって 4 本の推定式すべてについて OLS により得られた係数の推定量を用いた Newey-West の一致性のある推定が行われている。

まず冷戦期の推定結果について吟味する。推定式番号 (3.1) では y は符号条件を満たして 0.1% 水準で有意である。第 1 列の推定式では g^m および g^{nm} の推定係数はともに 0.1% 水準で有意であり, 前者は負, 後者は正である。これらは θ^m が正, θ^{nm} が負であることを表しており, 長期的均衡において国内家計最終実現消費支出と防衛支出が代替的であったのに対して非防衛政府支出が両者に対して補完的であったことを表している。推定式番号 (3.2) では y は符号条件を満たしているものの有意ではない。g^{nm} の推定係数は 0.1% 水準で有意な正であり, やはり非防衛政府支出が耐久財可分国内家計最終実現消費支出と補完的であったことを表しているが g^m については正の符号を示しているが有意ではない。

次にポスト冷戦期に移ろう。推定式番号 (3.3) および (3.4) において説明

変数はすべて0.1%水準で有意である。g^mの推定係数は冷戦期とは異なって正になっており，防衛支出が国内家計最終実現消費支出および耐久財可分国内家計最終実現消費支出と補完性を有するようになっている。g^{nm}の推定係数も正であり，冷戦期と同じくやはり国内家計最終実現消費支出および耐久財可分国内家計最終実現消費支出と補完的である。

表 3.13 誤差項の ADF 検定の結果（日本）

推定式番号	定数項あり トレンドなし	定数項あり トレンドあり
(3.1)	-2.322	-2.540
(3.2)	-0.707	0.489
(3.3)	-4.589 *	-4.559 *
(3.4)	-3.794	-3.772

（注）表中の**は1%水準で誤差項に単位根ありとの帰無仮説を棄却できることを表している。有意水準はDavidson and MacKinnon (1993, p.722, Table 20.2) による。ただし同表では定数項とトレンドがともにない単位根検定の有意水準は示されていない。

ここで Engle and Granger（1989）の方法で共和分検定を行なう。表 3.13 に示されている4本の推定結果から得られたそれぞれの誤差項について単位根検定を行ない，もし次数0で誤差項に単位根があるとの帰無仮説が有意に棄却され誤差項が定常であると判断されれば説明変数と被説明変数との間に共和分が存在することとなり，(3.26) 式で表される誤差項を考慮した ECM を推定しなければならない。表 3.12 に示されている4本の推定結果から得られた誤差項の ADF 検定の結果は表 3.13に示されている。推定式番号（3.3）をのぞいて次数0で誤差項に単位根があるとの帰無仮説を棄却できない。

5.3.2 米国

表 3.14 長期的均衡の推定結果（米国，冷戦期，OLS）

推定期間	1980 年 I ～1991 年 IV (n=48)			
推定式番号	(3.5)	(3.6)	(3.7)	(3.8)
被説明変数	pc		$pcsep$	
説明変数	推定係数 t 値	推定係数 t 値	推定係数 t 値	推定係数 t 値
定数項	-0.001 -0.309	-0.006 ** -2.804	0.001 0.359	-0.005 * -2.047
y	0.893 *** 3.783	1.014 *** 5.824	0.753 ** 3.137	0.837 *** 4.663
g^m	2.867 * 2.057		2.438 † 1.727	
g^{nm}	1.244 * 2.448		1.137 * 2.251	
g^{mc}		7.202 * 1.978		6.422 † 1.728
g^{nmc}		2.506 * 2.124		2.415 * 2.017
$trend$	-0.000 † -1.686	-0.000 * -2.060	0.000 -1.387	0.000 † -1.752
adj. R^2	0.901	0.913	0.874	0.888
SE	0.001	0.001	0.001	0.001
DW	1.266	1.418	1.237	1.368
BG_{LM}	2.728	3.901	2.219	3.468
JB	1001.744 ***	596.752 ***	1072.911 ***	669.486 ***
BP_{Hetero}	14.389 **	18.871 ***	14.402 **	18.702 ***
W_{Hetero}	41.911 ***	44.234 ***	41.749 ***	43.946 ***
F	108.508 ***	123.589 ***	82.306 ***	93.944 ***

(注) 表中の***，**，*および†はそれぞれ 0.1％，1％，5％および 10％で有意であることを表している。

　冷戦期における米国に関する被説明変数と説明変数の長期的関係を表す(3.25) 式の OLS による推定結果は表 3.14 に示されている。まず冷戦期の推定結果を吟味しよう。Durbin-Watson 検定統計量から誤差項に 1 次の系列相関がないとの帰無仮説を推定式番号 (3.5)，(3.7) および (3.8) では 5％水準では棄却できるが 1％水準では棄却できるかどうか判定ができず，推定式番号 (3.6) では 1％水準で棄却できない。また Breusch-Godfrey の LM 検定統計量

からは誤差項に4次の系列相関がないとの帰無仮説を棄却できない。しかし4本すべての推定式においてJarque-Bera検定統計量は誤差項が正規分布であるとの帰無仮説を0.1％水準で棄却している。このため誤差項が均一分散かどうかを判断するにあたってはWhite検定統計量をみることとする。同統計量は4本すべての推定式において0.1％水準で有意に誤差項は均一分散であるとの帰無仮説を棄却している。よってここではNewey-Westの一致性のある推定が行なわれている。yは4本の推定式すべてにおいて符号条件を満たして5％水準で有意である。推定式番号（3.5）においてg^mとg^{nm}はともに5％水準で有意な正であり，両者が個人消費支出と補完的であったことを表している。推定式番号（3.6）でもg^{mc}とg^{nmc}はともに5％水準で有意な正であり，長期的関係において防衛消費支出と非防衛政府支出がともに個人消費支出と補完的であったことを表している。また推定式番号（3.7）と（3.8）でもこれら4種類の政府支出は有意な正であり，これらが耐久財可分個人消費支出と補完的であったことを表している。

表 3.15　長期的均衡の推定結果（米国，ポスト冷戦期，OLS）

推定期間	1992 年 I 〜2001 年 II			
推定式番号	(3.9)	(3.10)	(3.11)	(3.12)
被説明変数	pc		$pcsep$	
説明変数	推定係数 t 値	推定係数 t 値	推定係数 t 値	推定係数 t 値
定数項	0.008 * 2.517	0.004 0.882	0.011 *** 4.708	0.008 * 2.389
y	0.456 * 2.377	0.418 * 2.181	0.370 * 2.618	0.331 * 2.230
g^m	1.175 * 2.520		1.109 ** 2.971	
g^{nm}	0.643 0.836		0.218 0.379	
g^{mc}		1.376 † 1.749		1.180 † 1.983
g^{nmc}		1.832 * 1.265		1.180 1.034
$trend$	0.000 *** 4.269	0.000 *** 3.770	0.000 *** 5.254	0.000 *** 4.439
$adj. R^2$	0.994	0.995	0.995	0.995
SE	0.000	0.000	0.000	0.000
DW	0.475	0.619	0.459	0.573
BG_{LM}	25.687 ***	23.570 ***	25.321 ***	23.000 ***
JB	1.125	1.287	1.122	1.177
BP_{Hetero}	1.220	4.126	0.822	2.413
W_{Hetero}	8.835	16.171	7.649	12.431
F	1551.432 ***	1705.469 ***	1799.978 ***	1979.802

（注）表中の***，**，*および†はそれぞれ 0.1％，1％，5％および 10％で有意であることを表している。

　次にポスト冷戦期について見ておこう。その推定結果は表 3.15 に示されている。4 本すべての推定式で Durbin-Watson 検定統計量は誤差項に 1 次の系列相関がないとの帰無仮説を 1％水準で棄却しており，Breusch-Godfrey の LM 検定統計量はすべて誤差項に 4 次の系列相関がないとの帰無仮説を 0.1％水準で有意に棄却している。またすべての推定式において Jarque-Bera 検定統計量は誤差項が正規分布であるとの帰無仮説を棄却していない。このため誤差項が均一分散であるとの帰無仮説が棄却されるかどうかについては Breusch-Pagan 検定統計量を見ることとする。同統計量は 4 本すべての推定

式において帰無仮説を棄却していない。以上からここでも Newey-West の一致性のある推定を行なった。被説明変数に関係なく，また，政府支出の消費と投資の可分・不可分に関係なく y の係数は符号条件を満たしてすべて5％水準で有意である。推定式番号（3.9）および（3.11）において g^m と g^{nm} の推定係数はともに正であり，長期的関係において個人消費支出と補完的であったことを示しているが，有意なのは前者のみである。推定式番号（3.10）および（3.12）においても g^{mc} および g^{nmc} の推定係数はともに正であり耐久財可分個人消費支出と補完的であったことを示しているが，前者が有意であるのに対して後者は有意ではない。

表 3.16 長期的均衡の推定結果（米国，ポストテロ期，OLS）

推定期間	2001 年Ⅲ～2016 年Ⅳ			
推定式番号	(3.13)	(3.14)	(3.15)	(3.16)
被説明変数	pc		$pcsep$	
説明変数	推定係数 t 値	推定係数 t 値	推定係数 t 値	推定係数 t 値
定数項	-0.003 -0.539	-0.002 -0.324	-0.001 -0.275	-0.002 -0.397
y	0.983 *** 5.934	0.969 *** 6.113	0.741 *** 5.722	0.746 *** 5.829
g^m	-0.572 -1.110		0.159 0.416	
g^{nm}	0.193 0.248		0.375 0.649	
g^{mc}		-0.902 -1.460		0.151 0.327
g^{nmc}		0.199 0.221		0.559 0.821
trend	0.000 -0.475	0.000 -0.539	0.000 -0.857	0.000 -1.064
adj. R^2	0.938	0.940	0.924	0.923
SE	0.000	0.000	0.000	0.000
DW	0.900	0.900	0.873	0.870
BG_{LM}	24.438 ***	24.384 ***	24.990 ***	25.242 ***
JB	2.988	2.988	3.694	3.774
BP_{Hetero}	7.140	4.947	9.482 †	7.492
W_{Hetero}	35.338 **	28.348 *	36.254 **	29.962 **
F	231.280 ***	238.001 ***	186.688 ***	182.797 ***

（注）表中の***，**および†はそれぞれ 0.1％，1％および 10％で有意であることを表している。

最後にポストテロ期の推定結果を見よう。それは表 3.16 に示されている。ポスト冷戦期と同様に 4 本すべての推定式で Durbin-Watson 検定統計量は誤差項に 1 次の系列相関がないとの帰無仮説を 1％水準で棄却しており，Breusch-Godfrey の LM 検定統計量は誤差項に 4 次の系列相関がないとの帰無仮説を 0.1％水準で有意に棄却し，Jarque-Bera 検定統計量は誤差項が正規分布であるとの帰無仮説を棄却しておらず，Breusch-Pagan 検定統計量は誤差項が均一分散であるとの帰無仮説を棄却していないため，ここでも Newey-West の一致性のある推定が行なわれている。pc を被説明変数とする推定式番号 (3.13) および (3.14) においては g^m と g^{mc} が負，g^{nm} と g^{nmc} ともに正であり，消費と投資を可分とするか不可分とするかに関係なく，個人消費支出と防衛関連支出は代替的，非防衛政府支出が補完的であることを示しているがすべて 10％水準でも有意ではない。また推定式番号 (3.15) および (3.16) において 4 種類の政府関連支出の符号はすべて正であり，耐久財可分個人消費支出と代替的であることを示しているが，すべて有意ではない。F 検定統計量は 4 本すべての推定式ですべての説明変数が 0 であるとの帰無仮説を 0.1％水準で有意に棄却している。

表 3.17 誤差項の ADF 検定の結果（米国）

推定式番号	定数項あり トレンドなし	定数項あり トレンドあり
(2.5)	-3.371	-3.004
(2.6)	-4.276 *	-4.018
(2.7)	-3.187	-2.791
(2.8)	-3.996	-3.711
(2.9)	-2.066	-1.999
(2.10)	-2.304	-2.227
(2.11)	-2.091	-2.040
(2.12)	-2.262	-2.196
(2.13)	-4.317 *	-4.290 †
(2.14)	-4.378 *	-4.353 †
(2.15)	-4.082 †	-4.049
(2.16)	-4.137 *	-4.106

(注) 表中の**および*はそれぞれ 1％および誤差項に単位根ありとの帰無仮説を棄却できることを表している。有意水準は Davidson and MacKinnon (1993, p.722, Table 20.2) による。ただし同表では定数項とトレンドがともにない単位根検定の有意水準は示されていない。

ここで日本と同様に Engle and Granger（1989）の方法で共和分検定を行なう。表 3.14～3.16 に示されている 4 本の推定結果から得られたそれぞれの誤差項について行なった ADF 検定による単位根検定の結果は表 3.17 に示されている。次数 0 で誤差項に単位根があるとの帰無仮説を棄却できるのは定数項あり，トレンドなしの場合は冷戦期における推定式番号（3.6）とポストテロ期における 4 本の推定式定数項とトレンドがともにある場合にはポストテロ期における推定式番号（3.13）および（3.14）である。

5.4 共和分検定

上の単位根検定ではほとんどの変数がいずれかの ADF 検定において次数 1 もしくは次数 2 で単位根があるとの帰無仮説を棄却できた。したがって被説明変数と説明変数との間に共和分関係があると考えられる。ここでは Johansen（1988）の共和分検定をトレース統計量を用いて行なう。

5.4.1 日本

表 3.18 Johansen の共和分検定の結果（日本，トレース統計量）

推定式番号	共和分の数に関する帰無仮説			
	$r=0$	$r\leq1$	$r\leq2$	$r\leq3$
(2.1)	124.002 ***	46.960 *	15.875	4.240
(2.2)	116.146 ***	49.890 **	20.954	4.294
(2.3)	113.355 ***	48.909 **	14.370	3.378
(2.4)	119.873 ***	55.173 **	14.007	4.173

（注）表中の***および**はそれぞれ 0.1％および 1％でそれぞれの共和分の数に関する帰無仮説が棄却されることを表している。

日本の冷戦期とポスト冷戦期における Johansen の共和分検定の結果は表 3.18 に示されている。冷戦期であれポスト冷戦期であれ，また被説明変数が pc であれ $pcsep$ であれ「共和分の数は 0 個」と「共和分の数は多くても 1 個」との帰無仮説が有意に棄却され，「共和分の数は 2 個以上」が 4 本すべての推定式で支持されている。

5.4.2 米国

表 3.19　Johansen の共和分検定の結果（米国，トレース統計量）

推定式番号	共和分の数に関する帰無仮説			
	$r=0$	$r\leqq 1$	$r\leqq 2$	$r\leqq 3$
(2.5)	68.688 *	37.145	18.722	5.218
(2.6)	63.868 †	32.842	15.892	3.693
(2.7)	68.313 *	36.429	18.482	5.566
(2.8)	63.926 *	32.627	15.312	3.686
(2.9)	79.718 **	45.177 *	16.744	4.029
(2.10)	57.584	31.653	16.655	5.667
(2.11)	86.277 ***	47.435 *	17.474	5.094
(2.12)	60.510 †	32.149	17.772	6.299
(2.13)	92.841 ***	46.208 *	24.806 †	7.163
(2.14)	94.369 ***	40.372 †	21.196	6.059
(2.15)	86.342 ***	40.316 †	22.255	6.641
(2.16)	94.442 ***	37.117	17.955	5.999

（注）表中の***，**および*†はれぞれ 0.1％，1％および5％でそれぞれの共和分の数に関する帰無仮説が棄却されることを表している。

　米国の冷戦期，ポスト冷戦期およびポストテロ期における Johansen の共和分検定の結果は表 3.19 に示されている。「共和分の数は 0 個」との帰無仮説が棄却されているのはポスト冷戦期における推定式番号（3.10）だけである。冷戦期における 4 本すべての推定式とポスト冷戦期における推定式番号（3.12）およびポストテロ期における推定式番号（3.16）において「共和分の数は 0 個」との帰無仮説が棄却され「共和分の数は 1 個以上」が支持されている。またポスト冷戦期における推定式番号（3.9）と（3.11），ポストテロ期における推定式番号（2.14）と（3.15）では「共和分の数は 0 個」との帰無仮説と「共和分の数は多くても 1 個」との帰無仮説が棄却され，「共和分の数は 2 個以上」が支持されている。さらにポストテロ期における推定式番号（3.13）では「共和分の数は 0 個」との帰無仮説，「共和分の数は多くても 1 個」との帰無仮説，そして「共和分の数は多くても 2 個」との帰無仮説がすべて棄却され，「共和分の数は 3 個以上」が支持されている。

5.5 短期均衡の推定結果
5.5.1 日本

表 3.20 ECM の推定結果（日本）

推定期間	1980 年 II ～1991 年 IV		1995 年 II ～2016 年 IV	
推定式番号	(3.17)	(3.18)	(3.19)	(3.20)
被説明変数	Δpc	$\Delta pcsep$	Δpc	$\Delta pcsep$
説明変数	推定係数 t 値	推定係数 t 値	推定係数 t 値	推定係数 t 値
定数項	0.006 0.333	0.009 0.751	0.001 0.793	0.000 0.495
Δy	0.046 0.243	-0.002 -0.018	0.158 *** 16.886	0.177 *** 30.368
Δg^m	-9.612 *** -5.228	-2.175 * -2.067	0.929 *** 12.856	0.626 *** 11.573
Δg^{nm}	1.320 *** 18.324	0.972 *** 16.079	0.461 *** 12.483	0.245 *** 8.622
trend	0.000 -0.208	0.000 -0.627	0.000 -0.214	0.000 -0.131
ECT_{-1}	-1.312 *** -12.288	-1.548 *** -14.655	-0.386 *** -3.516	-0.283 ** -3.166
adj. R^2	0.881	0.861	0.861	0.888
SE	0.009	0.006	0.006	0.004
DW	1.305	1.277	2.034	2.165
BG_{LM}	10.058 *	12.174 *	12.174 †	10.237 *
JB	6.127 *	2.361	8.067 *	3.402
BP_{Hetero}	21.294	22.170	39.023 **	4.608
W_{Hetero}	3.617	5.251	11.094 *	5.959
F	69.106 ***	58.157 ***	81.220 ***	137.536 ***

（注）表中の***，**，*および†はそれぞれ 0.1％，1％，5％および 10％で有意であることを表している。

上で行った日本の長期均衡式の推定結果から得られた誤差項の単位根検定の結果では推定式番号（3.3）をのぞく3本の推定式において次数0で誤差項に単位根があるとの帰無仮説を棄却できなかったが，Johansen の共和分検定では4本すべてにおいて「共和分の数は0個」との帰無仮説が棄却されたのでここでは4本の推定式すべてに ECT を考慮して（3.26）式を推定した。冷戦期とポスト冷戦期の推定結果は表 2.20 に示されている。Durbin-Watson 検定統計量から誤差項に1次の系列相関がないとの帰無仮説を推定式番号（3.17）お

5. 実証分析　79

よび (3.18) では5%水準では棄却できるが1%水準では棄却できるかどうか判定ができず，推定式番号 (3.19) および (3.20) では1%水準で棄却できない。しかし4本すべての推定式において Breusch-Godfrey の LM 検定統計量は誤差項に4次の系列相関はないとの帰無仮説を棄却している。Jarque-Bera 検定統計量は推定式番号 (3.18) および (3.20) において誤差項は正規分布であるとの帰無仮説を棄却していないのに対して推定式番号 (3.17) および (3.19) において同帰無仮説を棄却している。よって誤差項が均一分散であるかどうかに関しては，推定式番号 (3.17) および (3.19) については White 検定統計量を，推定式番号 (3.18) および (3.20) に Breusch-Pagan 検定統計量をみる。それぞれの検定結果は推定式番号 (3.19) において誤差項は均一分散であるとの帰無仮説が5%水準水準で棄却されている。以上から4本すべての推定式において Newey-West の一致性のある推定が行なわれている。ECT は4本すべての推定式において0.1%水準もしくは1%水準で有意な負であり，ECT を考慮する必要があることを表している。冷戦期における推定式番号 (3.17) および (3.18) で $\varDelta y$ が有意ではないのに対し，ポスト冷戦期における推定式番号 (3.19) および (3.20) では $\varDelta y$ は符号条件を満たして有意である。$\varDelta g^m$ は冷戦期の2本の推定式において有意な負，ポスト冷戦期の2本の推定式において有意な正であり，これらは耐久財を可分とするか不可分とするかに関係なく冷戦期には防衛支出が国内家計最終実現消費支出と代替的であったのがポスト冷戦になって補完的になっていることを表している。また $\varDelta g^{nm}$ の推定係数は冷戦期，ポスト冷戦期ともに有意な正であり，国内家計実現最終消費支出と補完的であることを表している。ただし補完の程度は2種類の国内家計実現最終消費支出ともに冷戦期よりもポスト冷戦期の方が小さくなっている。

5.5.2　米国

　米国の長期均衡式の推定結果から得られた誤差項の単位根検定の結果でも3期合計12本7本の推定式に関しては次数0で誤差項に単位根があるとの帰無仮説を棄却できたわけではなかったが，Johansen の共和分検定では推定式番号 (3.10) を除く11本の推定式において「共和分の数は0個である」との帰無仮説が棄却されたことを踏まえ，ここではそれら11本の推定式すべてに

ECT を考慮して (3.26) 式を推定した。

表 3.21 ECM の推定結果 (米国, 冷戦期, OLS)

推定期間	\multicolumn{4}{c}{1980 年 II ～1991 年 IV}			
推定式番号	(3.21)	(3.22)	(3.23)	(3.24)
被説明変数	Δpc	Δpc	$\Delta pcsep$	$\Delta pcsep$
説明変数	推定係数 t 値	推定係数 t 値	推定係数 t 値	推定係数 t 値
定数項	0.000 -0.456	0.000 -0.327	0.000 -0.405	0.000 -0.266
Δy	0.439 1.556	0.491 1.245	0.302 1.140	0.345 0.931
Δg^m	4.445 1.600		4.122 1.425	
Δg^{nm}	-0.511 -0.517		-0.548 -0.546	
Δg^{mc}		7.039 † 1.829		6.550 1.680
Δg^{nmc}		-0.107 -0.122		-0.016 -0.018
trend	0.000 0.408	0.000 0.263	0.000 0.367	0.000 0.213
ECT_{-1}	-0.919 -1.668	-1.096 † -1.791	-0.888 -1.602	-1.053 -1.679
adj. R^2	0.229	0.324	0.197	0.287
SE	0.001	0.001	0.001	0.001
DW	1.322	1.373	1.308	1.357
BG_{LM}	3.386	3.839	3.548	3.572
JB	1033.771 ***	644.206 ***	1136.602 ***	733.874 ***
BP_{Hetero}	12.372 *	16.787 **	12.238 *	16.532 **
W_{Hetero}	41.565 **	44.896 **	40.399 **	44.463 **
F	3.730 **	5.409 ***	3.260 *	4.711 **

(注) 表中の***, **, *および†はそれぞれ 0.1%, 1%, 5%および 10%で有意であることを表している。

OLSによる冷戦期の推定結果は表 3.21 に示されている。4 本すべての推定式において Durbin-Watson 検定統計量からは誤差項に 1 次の系列相関がないとの帰無仮説を 5%水準では棄却できるが 1%水準では棄却できるかできないかの判断ができない。また Breusch-Godfrey の LM 検定統計量からは誤差項

に 4 次の系列相関はないとの帰無仮説が棄却されている。Jarque-Bera 検定統計量は 4 本すべての推定式において誤差項は正規分布であるとの帰無仮説を 0.1％水準で棄却しているので誤差項が均一分散であるかどうかは White 検定統計量をみる。同統計量は 4 本すべての推定式において誤差項は均一分散であるとの帰無仮説を 1％水準で棄却している。これらから推定式番号 (3.21)〜(3.14) について Newey-West の一致性のある推定が行なわれている。ECT が有意なのは推定式番号 (3.22) においてのみである。4 本の推定式すべてにおいて Δy は符号条件を満たしてはいるが有意ではない。推定式番号 (3.21) および (3.22) それぞれにおいて Δg^m は有意水準10％水準を若干下回って, Δg^{mc} は10％水準で有意な正であり, ともに耐久財不可分個人消費支出と補完的であったことを表している。これに対して Δg^{nm} と Δg^{nmc} はそれぞれの推定式において負であり, ともに耐久財不可分個人消費支出と代替的であったことを表してはいるが有意ではない。推定式番号 (3.23) における Δg^m と (2.24) における Δg^{mc} はともに $\Delta pcsep$ と弱い正の相関を示しており, 耐久財可分個人消費支出と補完的であったことを表している。両推定式においても Δg^{nm} と Δg^{nmc} はそれぞれの推定式において負であり, ともに耐久財不可分個人消費支出と代替的であったことを表してはいるが有意ではない。自由度修正済み決定係数はすべて同時期における日本の 4 本の ECM のそれよりも, また, 同時期の米国の長期的均衡の推定式よりもかなり低い。

表 3.22　ECM の推定結果（米国，ポスト冷戦期，OLS）

推定期間	1992 年 II 〜 2001 年 II			
推定式番号	(3.25)	(3.26)	(3.27)	(3.28)
被説明変数	Δpc	Δpc	$\Delta pcsep$	$\Delta pcsep$
説明変数	推定係数 t 値	推定係数 t 値	推定係数 t 値	推定係数 t 値
定数項	0.000 *** 3.921	0.000 *** 3.483	0.000 *** 5.665	0.000 *** 4.756
Δy	0.262 * 2.087	0.269 † 1.755	0.220 * 2.663	0.237 ** 2.792
Δg^m	0.204 0.659		0.363 1.440	
Δg^{nm}	−0.247 −0.490		−0.373 −0.915	
Δg^{mc}		0.239 0.584		0.454 1.661
Δg^{nmc}		−0.124 −0.135		−0.337 −0.656
trend	0.000 1.471	0.000 1.179	0.000 † 1.918	0.000 1.390
ECT_{-1}	−0.213 * −2.515	−0.238 ** −2.851	−0.213 ** −2.816	−0.244 * −2.466
adj. R^2	0.240	0.248	0.294	0.306
SE	0.000	0.000	0.000	0.000
DW	1.822	1.836	1.926	1.915
BG_{LM}	11.680 *	9.401 †	9.866 *	6.790
JB	1.239	1.321	0.786	0.665
BP_{Hetero}	2.756	3.946	1.074	6.249
W_{Hetero}	16.240	16.417	23.018	16.868
F	3.276 *	3.375 **	3.998 **	4.176 **

（注）表中の***，**，*および†はそれぞれ 0.1％，1％，5％および 10％で有意であることを表している。

次にポスト冷戦期の推定結果をみよう。それは表 3.22 に示されている。Durbin-Watson 検定統計量は 4 本すべての推定式で誤差項に 1 次の系列相関なしとの帰無仮説を 1％水準で棄却していないが，推定式番号（3.28）をのぞく 3 本の推定式で Breusch-Godfrey の LM 検定統計量は誤差項に 4 次の系列相関はないとの帰無仮説を棄却している。Jarque-Bera 検定統計量は推定式番号（3.25）〜（3.28）においてそれぞれの誤差項は正規分布であるとの帰無仮説

を棄却しておらず，Breusch-Pagan 検定統計量はそれぞれの誤差項は均一分散であるとの帰無仮説を棄却していない。以上を受けて推定式番号 (3.25)〜(3.27) については Newey-West の一致性のある推定が行なわれている。4本すべての推定式で ECT は1%水準もしくは5%水準で有意な負であり，Δy は符号条件を満たして有意である。Δpc を被説明変数とした推定式番号 (3.25) および (3.26) において Δg^m と Δg^{mc} の推定係数は正，Δg^{nm} と Δg^{nmc} のそれらは負であるがすべて有意ではない。$\Delta pcsep$ を被説明変数とした推定式番号 (3.27) および (3.28) において Δg^m と Δg^{mc} のは弱い正の符号を示し，防衛支出と防衛消費支出がともに耐久財可分個人消費支出と補完的であったことを表している。また両推定式において Δg^{nm} と Δg^{nmc} の推定係数は負であるがともに有意ではない。すべての推定式で自由度修正済み決定係数は高くても 0.3 をわずかに超える程度であり，これらモデルの説明力が低いことを意味している。

表 3.23 ECM の推定結果（米国，ポストテロ期，OLS）

推定期間	\multicolumn{4}{c}{2001 年IV〜2016 年IV}			
推定式番号	(3.29)	(3.30)	(3.31)	(3.32)
被説明変数	Δpc	Δpc	$\Delta pcsep$	$\Delta pcsep$
説明変数	推定係数 t 値	推定係数 t 値	推定係数 t 値	推定係数 t 値
定数項	0.000 1.385	0.000 1.316	0.000 0.869	0.000 0.839
Δy	0.114 1.373	0.124 1.528	0.087 1.443	0.093 1.590
Δg^m	-0.523 -1.052		-0.362 -1.259	
Δg^{nm}	-0.176 -0.269		-0.192 -0.414	
Δg^{mc}		-0.802 -1.358		-0.562 † -1.690
Δg^{nmc}		-0.973 -0.871		-0.622 -0.845
trend	0.000 -0.407	0.000 -0.473	0.000 -0.881	0.000 -0.932
ECT_{-1}	-0.052 -0.777	-0.069 -0.968	-0.018 -0.265	-0.033 -0.478
adj. R^2	-0.005	0.046	0.042	0.090
SE	0.000	0.000	0.000	0.000
DW	0.909	0.922	0.688	0.701
BG_{LM}	26.642 ***	26.838 ***	36.245 ***	37.074 ***
JB	21.899 ***	10.900 **	6.426 *	3.761
BP_{Hetero}	4.078	6.624	5.480	10.726 †
W_{Hetero}	14.399	23.946	25.282	36.639 *
F	0.941	1.581	1.530	2.189 †

（注）表中の***，**，*および†はそれぞれ 0.1%，1%，5% および 10% で有意であることを表している。

最後にポストテロ期の推定結果をみよう。それは表 3.23 に示されている。4本すべての推定式で Durbin-Watson 検定統計量が誤差項に 1 次の系列相関なしとの帰無仮説を 1% 水準で棄却し，さらには Breusch-Godfrey の LM 検定統計量が誤差項に 4 次の系列相関はないとの帰無仮説を棄却している。また Jarque-Bera 検定統計量は推定式番号 (3.32) をのぞいてそれぞれの誤差項は正規分布であるとの帰無仮説を棄却していない。推定式番号 (3.32) をのぞく

3本の推定式の White 検定統計量は各推定式それぞれの誤差項は均一分散であるとの帰無仮説を棄却しているが，推定式番号（3.32）の Breusch-Pagan 検定統計量は同帰無仮説を棄却している。以上を受けて4本すべての推定式について Newey-West の一致性のある推定が行なわれている。4本すべての推定式で ECT も Δy も有意ではない。Δg^m と Δg^{mc} は推定式番号（3.29）および（3.31）と推定式番号（2.30）および（2.32）で負の符号を示し，ポスト冷戦期とは異なって防衛支出と防衛消費支出が耐久財を可分とするか不可分とするかに関係なく個人消費支出と代替的になっている。また Δg^{nm} と Δg^{nmc} も推定式番号（3.29）および（3.31）と推定式番号（3.30）および（3.32）で負の符号を示し，防衛支出と防衛消費支出が耐久財を可分とするか不可分とするかに関係なく個人消費支出と代替的であることを表している。ただしこれらのうち有意なのは推定式番号（3.32）における Δg^{mc} だけである。4本とも自由度修正済み決定係数は 0.1 を下回ってモデルの説明力が低いことを表している。さらには F 検定統計量からすべての説明変数の推定係数が 0 であるとの帰無仮説を棄却できるのは推定式番号（3.32）だけである。

6. 結論

本章では Evans and Karras (1998) のモデルを用い，冷戦期とポスト冷戦期の日本と米国において防衛支出と非防衛政府支出がそれぞれ民間消費支出と代替的であるのか，それとも独立的もしくは補完的であるのかを両国の四半期データを用いて実証的に検証した。そこでは両国の時系列データを用いることから単位根検定と共和分検定を行ない，長期的均衡とともに ECM を推定してそれらを計測するという新しい手法を用いた。もし政府関連支出が民間消費支出と代替的であればいわゆる非ケインズ効果が現れて家計は消費支出を減らすのに対し，もし政府関連支出が補完的であれば反対に家計は消費支出を増やし，独立的であれば家計は消費支出を増減させないものと考えられる。

　実証分析の結果から明らかにされたのは以下の通りである。まず日本については，第1に，ECM を用いて防衛支出が民間消費と代替的であるか補完的で

あるかを検証することが重要であることが明らかにされた。第2に，冷戦期には長的期均衡においても短期的均衡においても防衛支出は耐久財不可分国内家計実現最終消費支出と代替的であったが，ポスト冷戦期では補完的な関係に変化していることが明らかにされた。第3に，冷戦期においては防衛支出は耐久財可分国内家計実現最終消費支出と長期的均衡においては独立的，短期的均衡においては代替的であったがポスト冷戦期においては長期的均衡においても短期的均衡においても補完的となっていることが明らかにされた。米国については，第1に，冷戦期では防衛支出および防衛消費支出はともに長期的均衡であれ短期的均衡であれ耐久財を可分とするか不可分とするかに関係なく個人消費支出に対して補完的であったのに対し，ポスト冷戦期においては長期均衡では防衛支出も防衛消費支出も耐久財を含めるかどうかに関係なく個人消費支出と代替的であったが，短期均衡においては双方ともに耐久財可分個人消費支出とのみ補完的であったことが明らかにされた。第2に，ポストテロ期においては長期的均衡では防衛消費支出が耐久財不可分個人消費支出とのみ弱い負の相関を示して代替的であると考えられるが短期的均衡では防衛消費支出が耐久財可分個人消費支出とのみ代替的であること，そして自由度修正済み決定係数やF検定統計量からECTを考慮してもEvans and Karras（1998）のモデルが有用ではないことが明らかにされた。第3に，ポスト冷戦期ではECMを用いて防衛支出および防衛消費支出の民間消費に対する代替性あるいは補完性を検証することが重要であることが明らかにされた。日米両国に関するECTを考慮しないEvans and Karras（1998）の基本モデルの推定結果はAppencicesの4つの表に示されている。日本については冷戦期であれポスト冷戦期であれ基本モデルの方が全般的に説明力が高い。米国については冷戦期とポスト冷戦・プレテロ期の方が説明力が高いもののポストテロ期においては大きな差はない。

　ここでの冷戦期は主に1980年代であり，米ソ首脳による冷戦終結宣言が出されるまではたしかにそれ以降と比べて軍事的緊張が高かったとされる。当時から民間防衛として個人レベルで核シェルターも購入できないことはなかったし，核シェルターでなくとも第2次大戦下でもあったように防空壕を作ることもありえないわけではなかった。そのほか，有事に備えて食料の備蓄を進めることも個人でも十分に可能ではあった。その意味では一部の防衛財については

民間消費支出と代替的な関係にあったと言えなくもない。政府が一人当たり防衛支出を増加させ，個人の代わりに有事に備えるのであれば個人レベルでそのような財を購入する必要性は低下するので民間消費は減少するものと考えられる。しかし，いくら核シェルターを購入できたとはいえそれを実行できるのはかなり限られた個人であったと考えられること，少なくとも日本では冷戦期，ポスト冷戦期を通じて防衛関連費でシェルターを建設したことはなく，もし政府が一般市民のためにシェルターを建設するとしてもその予算が防衛関連費に計上されるとは考えにくいこと，米国の一部の州では銃の購入が可能であるが，日本では法律で禁止されているため銃などの武器を購入して個人レベルで有事に備えることはできないこと，日本では平時の段階から自衛隊員に代わる武装防衛サービスを購入できたとは考えづらいことなどを考えるならば，防衛支出は民間消費と補完的であったと考えられるのではないか。したがって今回の日本の冷戦期における推定結果と米国のポスト冷戦期における推定結果には若干の疑問を呈さざるをえない。

もっとも今回の日本の推定に用いた『国民経済計算』は，冷戦期が93SNA，ポスト冷戦期が2008SNAによるものである。米国はBEAが国民所得生産勘定（NIPA）に関連する多くのマクロ経済データを1929年から公表している。防衛支出に関しても消費と投資の分類だけでなく消費と投資それぞれの細目にわたって公表されている。これに対して日本はまず防衛支出に関連するデータが限られている。具体的には，内閣府の『国民経済計算』には「形態別に見た政府最終消費支出」で「防衛」もしくは「軍事」の年次データが公表されているが，あくまでそれは名目値の，消費に勘定される支出額だけであり，米国のように防衛支出のデフレータも季節調整済みの四半期データも公表されていない。本章では財務省が公表している『財政資金対民間収支』の「防衛関連費」を季節調整し，西川（1984）のデフレータで実質化して推定した。このようなデータ面での制約が推定結果に影響を与えた可能性はある。これは日本の四半期データを用いて実証分析を行なう本書のすべての章についていえることである。

最後に，本章ではあくまで実証分析の結果を中心に防衛支出の民間消費支出との代替性，独立性，補完性について論じたが，実際民間レベルでどのような

有事への備えが可能なのかまでは検証できなかった。これについては今後の課題としたい。

Appendices

表A 3.1 Evans and Karras モデルの推定結果（日本，OLS）

推定期間	1980年II～1991年IV		1995年II～2016年IV	
推定式番号	(3.33)	(3.34)	(3.35)	(3.36)
被説明変数	Δpc	$\Delta pcsep$	Δpc	$\Delta pcsep$
説明変数	推定係数 t値	推定係数 t値	推定係数 t値	推定係数 t値
定数項	0.004 **	0.002 *	0.001 †	0.000 †
	2.747	2.033	1.967	0.994
Δy	-0.179	0.043	0.164 ***	0.178 ***
	-0.595	0.206	15.161	28.403
Δg^m	-8.417 ***	-3.172	0.985 ***	0.639 ***
	-2.707	-1.374	9.588	9.408
Δg^{nm}	0.921 ***	0.511 ***	0.478 ***	0.254 ***
	10.288	8.896	9.968	7.357
$adj. R^2$	0.669	0.366	0.786	0.872
SE	0.015	0.013	0.006	0.004
DW	2.265	2.133	2.497	2.516
BG_{LM}	32.548 ***	38.212 ***	17.787 **	13.204 *
JB	2.736	2.933	36.437 ***	3.843
BP_{Hetero}	13.669 **	12.469 **	2.305	4.371
W_{Hetero}	27.248 **	23.170 **	17.36 *	20.603 *
F	32.033 ***	9.864 ***	106.280 ***	196.664 ***

(注) 表中の ***，**，* および † はそれぞれ 0.1％，1％，5％および 10％で有意であることを表している。

表A 3.2　Evans and Karras モデルの推定結果（米国，冷戦期，OLS）

推定期間	1980年II〜1991年IV			
推定式番号	(3.37)	(3.38)	(3.39)	(3.40)
被説明変数	Δpc		$\Delta pcsep$	
説明変数	推定係数 t値	推定係数 t値	推定係数 t値	推定係数 t値
定数項	0.000 -0.888	0.000 -0.810	0.000 -0.829	0.000 -0.788
Δy	0.423 † 2.009	0.582 * 2.125	0.339 † 1.818	0.495 † 1.960
Δg^m	6.179 1.356		5.747 1.249	
Δg^{nm}	-0.315 -0.426		-0.345 -0.470	
Δg^{mc}		7.134 1.196		6.767 1.132
Δg^{nmc}		0.346 0.640		0.388 0.863
adj. R^2	0.109	0.062	0.089	0.051
SE	0.001	0.001	0.001	0.001
DW	1.432	1.405	1.379	1.364
BG_{LM}	12.831 *	14.687 **	11.275 *	13.728 **
JB	1829.369 ***	1999.139 ***	1973.107 ***	2169.599 ***
BP_{Hetero}	6.898 †	5.703	6.837 †	5.726
W_{Hetero}	15.679 †	11.614	15.62 †	11.669
F	2.883	2.012	2.496	1.826

（注）表中の***，**，*および†はそれぞれ0.1％，1％，5％および10％で有意であることを表している。

表A 3.3 Evans and Karras モデルの推定結果（米国，ポスト冷戦期，OLS）

推定期間	\multicolumn{4}{c}{1991年II～2001年II}			
推定式番号	(3.41)	(3.42)	(3.43)	(3.43)
被説明変数	Δpc	Δpc	$\Delta pcsep$	$\Delta pcsep$
説明変数	推定係数 t値	推定係数 t値	推定係数 t値	推定係数 t値
定数項	0.000 *** 7.265	0.000 *** 5.975	0.000 *** 7.743	0.000 *** 6.072
Δy	0.316 ** 3.422	0.312 ** 3.049	0.268 ** 3.940	0.275 ** 3.190
Δg^m	0.216 1.396		0.376 1.606	
Δg^{nm}	0.118 −0.153		−0.086 −0.213	
Δg^{mc}		0.203 0.540		0.443 1.533
Δg^{nmc}		0.186 0.214		−0.110 −0.207
adj. R^2	0.137	0.132	0.187	0.187
SE	0.000	0.000	0.000	0.000
DW	1.921	1.903	2.019	2.005
BG_{LM}	10.211 *	9.749 *	8.570 †	7.306
JB	0.190	0.929	1.068	0.790
BP_{Hetero}	1.421	1.887	2.042	3.447
W_{Hetero}	2.872	4.156	5.730	3.447
F	2.910 *	2.822 *	3.758 *	3.765 *

(注) 表中の***，**および*はそれぞれ0.1％，1％および5％で有意であることを表している。

表A 3.4 Evans and Karras モデルの推定結果（米国，ポストテロ期，OLS）

推定期間	2001年IV～2016年IV			
推定式番号	(3.44)	(3.45)	(3.46)	(3.47)
被説明変数	Δpc		$\Delta pcsep$	
説明変数	推定係数 t値	推定係数 t値	推定係数 t値	推定係数 t値
定数項	0.000 ** 3.022	0.000 ** 3.104	0.000 ** 2.749	0.000 ** 2.838
Δy	0.088 1.338	0.090 1.434	0.081 † 1.907	0.082 * 2.044
Δg^m	−0.425 −0.893		−0.226 −0.766	
Δg^{nm}	−0.133 −0.210		−0.156 −0.356	
Δg^{mc}		−0.660 −1.140		−0.412 −1.158
Δg^{nmc}		−0.879 −0.823		−0.593 −0.830
adj. R^2	0.015	0.054	0.053	0.092
SE	0.000	0.000	0.000	0.000
DW	0.937	0.948	0.667	0.665
BG_{LM}	23.003 ***	23.137 ***	34.505 ***	35.475 ***
JB	24.400 ***	13.389 **	6.291 *	3.746
BP_{Hetero}	4.659	6.600 †	3.843	7.538 †
W_{Hetero}	8.567	14.809 †	11.285	23.470 **
F	1.301	2.146	2.126	3.030 *

(注) 表中の***，**，*および†はそれぞれ0.1%，1%，5%および10%で有意であることを表している。

第4章
日米における防衛支出の民間投資クラウディング・アウト効果の実証分析
―四半期データを用いた冷戦期とポスト冷戦期の比較研究―

1. 序論

　本章の目的は内需を構成する重要な支出項目である民間投資に焦点を当て，主に1980年代の冷戦期，9.11同時多発テロ以前のポスト冷戦期およびそれ以降のポスト冷戦期において米国連邦政府による防衛支出が民間投資をクラウド・アウトするのか，より正確には防衛負担（防衛支出の対GDP比）と民間投資率（民間投資の対GDP比）との間のトレード・オフ関係を実証的に明らかにすることである。米国は言うまでもなく世界の軍事大国であり，第2次大戦後防衛負担を1％程度で維持してきた日本とは異なり，時の軍事情勢や政権の軍事政策によってその防衛負担は変動してきた。また，これまでにもたとえば第1期レーガン政権下における金融引締政策と防衛支出増加を通じた連邦政府予算の拡大が巨額の財政赤字と金利上昇をもたらし，民間投資がクラウド・アウトされたことは多くのエコノミストが指摘してきたところである。そのような米国にとって1980年代後半における冷戦終結と1991年末のソ連崩壊は大きな軍事負担から解放される千載一遇のチャンスだった。実際，1993年から8年間続いたクリントン政権ではその期間中の大部分において防衛負担を引き下げることが可能になった。しかし2001年9月11日に発生したニューヨークでの同時多発テロ以降アメリカの安全保障政策は一変することとなり，その後アフガニスタン戦争とイラク戦争を経験し，現在では「イスラム国」を中心にテロとの戦いを継続している。本章で用いるモデルはSmith（1977, 1980a）が構築したモデルとGold（1993, 1997）とScott（2001）によるその応用モデルで

あり，現在の経済理論の進展を考えるならば同モデルは非常にクラシカルで時代遅れの感は否めない。しかしながら，このような米国を取り巻く安全保障環境が大きく変化する中で防衛負担による民間投資のトレード・オフに関する研究があたかも冷戦期の遺物のごとく扱われていることもまた問題である，というのが本章の問題意識である。

なお，防衛経済学の多くの論文において防衛支出は通常年次データが用いられる。これは各国の防衛予算にその国の，あるいはその政策策定者の防衛に関する考え方が強く反映されていることから行われていると考えられる。たとえば日本においても第2次安倍政権下でそれまで抑制気味であった防衛関連予算が日本を取り巻く安全保障環境の変化を理由に増額されていることを考えれば理解できるであろう。特に米国の場合，新大統領の就任やその安全保障環境，世界の軍事情勢で各会計年度における連邦政府の防衛予算が大きく変化することがあり，その意味では予算であれ商務省経済分析局が提供する国民所得生産勘定（NIPA）における防衛支出であれ年次データが用いられることは当然である。しかし，経済政策という観点から考えるならば，望ましいかどうかは別として，防衛支出もまた政府支出の1つであり，その他の経済変数と同じく四半期データを用いて分析することは何ら不思議なことでもない。また，年次データでは推定期間を細かく分割することが不可能となることがある。本章でも同時多発テロ発生までのポスト冷戦期は10年程度となり，実証分析を行うに際しては十分な自由度が確保できず，その結果，その期間と他の期間の推定値の変化を比較することができなくなる。したがって本章では年次データを用いず，四半期データを用いて実証分析を行うこととする。また本章ではソ連が崩壊し1991年第4四半期までを冷戦期，それ以降をポスト冷戦期と呼ぶこととし，米国については同時多発テロが発生した2001年9月11日を含む2001年第2四半期までをポスト冷戦・プレテロ期，それ以降をポストテロ期と呼ぶ。

本章の構成は以下の通りである。第2節において先行研究が概観されたのち，第3節では推定されるモデルの定式化が行われる。第4節では日米のマクロ経済データを用いて実証分析が行われ，最終節では結論が導出される。

2. 先行研究

　東西冷戦の真っただ中にあった 1970 年代末に Smith (1977) はマルクス主義的な観点から先進資本主義国の防衛支出とマクロ経済パフォーマンスの関係について，より重い軍事負担はその国の経済に大きな負担をかけることになると批判的に論じ，中でも投資に焦点を当て，高水準の防衛支出はより低い投資とそれを通じたより低い労働生産性上昇および高失業率と結びついており，その結果，経常収支の悪化にもつながっている主張している。彼はまず先進資本主義国 15 ヶ国の 1960～1970 年のマクロデータの平均値を用いてクロスセクション分析を行って防衛支出の対 GDP 比上昇が投資の対 GDP 比を有意に引き下げることを明らかにしている。また，彼はやはり 1960～1970 年の NATO（北大西洋条約機構）加盟 14 ヶ国のマクロデータを用いた時系列分析で防衛支出の対 GDP 比上昇が投資の対 GDP 比を完全にクラウド・アウトするかどうかの仮説を検証し，その推定結果から，有意水準の違いはあるが[1]，米国，トルコおよびギリシャを除く 11 ヶ国については同仮説が支持されることを明らかにしている。これら Smith (1977) の実証分析の結果を受けて Smith (1980a) は，次節で説明される防衛負担と投資率の関係に関するモデルを構築して OECD 諸国のデータを用いて防衛支出の対 GDP 比上昇が投資の対 GDP 比を完全にクラウド・アウトするかどうかに関してクロスセクションデータ，プールド・データおよび時系列データの 3 種類で実証分析を行っている。本章で用いる時系列データを用いた日米両国の推定結果は，日米ともに防衛支出の対 GDP 比上昇は有意に投資の対 GDP 比をクラウド・アウトし，その係数は日本が -6.47 と理論的に想定されているよりもかなり大きな負の係数であるのに対して米国は -0.38 と小さな負の係数となっている。防衛支出による投資のクラウディング・アウトに関する同様の研究は 1980 年代以降も積み重ねられてきた。DeGrasse (1986) は防衛支出の対 GDP 比が大きい国ほど民間投資の対

1　この時系列分析における有意水準は 25％にまで緩和されている。

GDP 比が低下する，防衛支出の対 GDP 比が大きい国ほど生産性上昇率が低くなる，そして防衛支出の対 GDP 比が大きい国ほど実質経済成長率が低くなるとの3つの仮説を構築し，先進 17 ヶ国の年次データを用いてクロスセクション分析を行っている。その結果は基本的に3つの仮説すべてを支持している[2]。Gold (1993) は米国の 1949～1988 年の年次データを用いて Smith (1980a) のモデルを用い，被説明変数を民間総投資と非防衛公的総投資の合計，民間総投資，民間総固定投資，民間総固定投資と非防衛公的総投資の合計の4種類でそれぞれ推定している。その実証分析の結果は，推定期間を 1949～1971 年とした場合にはこれら4種類のすべての投資の対 GDP 比が防衛支出の対 GDP 比と有意な負の相関関係を持つのに対して，推定期間を 1972～1988 年とした場合には4種類のすべての投資の対 GDP 比は防衛支出の対 GDP 比と負の相関関係を持つもののすべて有意ではなくなることを明らかにしている。Gold (1997) は Gold (1993) と同じく 1949～1988 年の米国の年次データを用いてはいるが，被説明変数および説明変数に関する単位根検定の結果を受けて被説明変数である投資の対 GDP 比と説明変数である防衛支出の対 GDP 比を1階の階差をとって Smith (1980a) のモデルを推定している。その結果は，Gold (1993) と同様に防衛支出の対 GDP 比が投資の対 GDP 比を有意にトレード・オフするのは 1949～1971 年についてのみであることを明らかにしている。安藤 (1994) は米国の 1947～1991 年までの年次データを用いて DeGrasse (1986) の3つの仮説を検証し，防衛負担が大きいほど投資率が下がり，経済成長率も低下することを明らかにしている[3]。Post (2006) は 1947～2003 年の米国の四半期データを用いて防衛支出の対 GDP 比と民間投資の対 GDP 比との間の負の相関関係を明らかにしている[4]。英国の 1974～1996 年の年次データを用い

2　DeGrasse (1986) はこれら3つの仮説を構築するに際して，防衛支出増大により兵器生産のために科学技術者が民間部門から軍事部門へ吸収されること，増税による資金調達の結果として個人貯蓄が減少したり国債の発行による資金調達を通じて金融市場で民間企業の投資がクラウド・アウトされて投資が減少し，生産性が低下することを上げている。
3　安藤 (1994b) は DeGrasse (1986) が示した第2の仮説も検証しているが，防衛支出の対 GDP 比と非農業民間部門生産性上昇率との間に負の相関関係があることを見出しているものの，その t 値の絶対値は1をわずかに上回る程度である。
4　Post (2006), pp.62-65。ただし Post (2006) は推定係数の統計学的な有意性にまでは言及していない。

てSmith（1980a）のモデルを推定しているのがScott（2001）である。彼は被説明変数に民間総投資と非防衛公的総投資の合計を用いた場合には防衛支出の対GDP比はそれら投資をクラウド・アウトするが，その推定係数は−0.65であり，有意水準は10％を満たす程度であること，被説明変数に民間総固定資本形成の対GDP比を用いた場合には推定係数が−1.20となり10％で有意であること，被説明変数に民間住宅投資を控除した民間総固定資本形成とした場合には推定係数は−1.04とほぼ完全クラウディング・アウト効果が表れ，しかも1％で有意であること，そして被説明変数に人件費を除く防衛支出の対GDP比，説明変数に民間住宅投資を控除した民間総固定資本形成とした場合には推定係数は−1.48となって5％で有意であることを明かにしている[5]。Malizard（2015）はフランスの1980年から2010年までのデータを用い，防衛装備支出の対GDPが民間投資の対GDP比と補完的関係にある，つまり，クラウド・イン効果を持つのに対して非防衛装備支出の対GDP比は民間投資の対GDP比に対してクラウド・アウト効果，つまり，民間投資の対GDP比を低下させることを明らかにしている。以上のように，これら先行研究では日米についてはポスト冷戦期のデータを用いたこのトレード・オフ関係に関する実証分析がない。本章では冷戦期（1980年第1四半期からソ連が崩壊した1991年第4四半期まで）とポスト冷戦期（1995年第1四半期から2016年第4四半期）に分け，さらに同時多発テロを経験した米国についてはポスト冷戦期をポスト冷戦・プレテロ期（1992年第1四半期から2001年第2四半期まで）およびポストテロ期（2001年9.11同時多発テロを含む2001年第3四半期から2016年第4四半期まで）に分け，対GDP比の観点から防衛支出による民間投資あるいは民間企業設備投資のクラウディング・アウト効果について実証分析を行う。民間投資だけでなく民間企業設備投資についてもクラウディング・アウト効果を検証するのはDeGrasse（1986）やPost（2006）の主張に見られるように特に冷戦期の米国において防衛支出への誤った資源配分が民間企業設備投資をクラウド・アウトし，同国の民間企業の労働生産性や国際競争力を低下させたと

---

5 Scott（2001）は公的総資本形成の対GDP比を被説明変数，防衛支出の対GDP比を説明変数として用いた場合も推定しているが，両者の間のトレード・オフ関係を見出すことはできていない。

いう議論があったからである。

3. 定式化

Malizard (2015) は Smith (1980a) を応用し，ベースライン・モデルとして以下の (4.1) 式を推定している。

$i = \alpha_0 + \alpha_1 d + \alpha_2 g + \alpha_3 u + \varepsilon_1$　　(4.1)

ここで i は民間総投資の対 GDP 比，d は防衛支出の対 GDP 比，g は実質経済成長率，u は失業率であり，すべて実質値を用いて算出される。また ε_1 は誤差項である。本章ではこの (4.1) 式に説明変数として Smith (1980) でも用いられている経常収支の対 GDP 比 b の代わりに貿易収支の対 GDP 比 tb を組み込んだ以下で表される (4.2) 式を推定する。

$i = \alpha_0 + \alpha_1 d + \alpha_2 g + \alpha_3 u + \alpha_4 tb + \varepsilon_2$　　(4.2)

ここで ε_2 は誤差項である。

なお推定に際しては被説明変数として民間総投資の対 GDP 比以外に民間企業設備投資の対 GDP 比をも用いる。また Malizard (2015) は防衛支出の対 GDP 比を防衛装備投資支出の対 GDP 比とそれを除く防衛支出の対 GDP 比に分割し，それらも説明変数に用いているが，本章では米国についてのみ防衛投資支出の対 GDP 比も説明変数として用いて推定する[6]。α_1 は防衛関連支出の対 GDP 比が民間投資の対 GDP 比をクラウド・アウトする場合には負，クラウド・インする場合には正の符号を示すと考えられる。経済成長率が正のときには民間投資の対 GDP 比も増加すると考えられるので α_2 の符号条件は正である。失業率が高い時にはマクロ経済の需要が不足しており投資を控えると考えられるので α_3 の符号条件は負である。貿易収支については内需不足によって黒字が達成されていると考えられる場合には α_4 の符号条件は負と考えられるが，その一方で特に民間企業設備投資については貿易収支黒字が旺盛な外需

6　後述するように日本については四半期データで防衛投資支出は得られないので防衛支出の対 GDP 比のみ説明変数として用いる。

がもたらした輸出によって黒字が達成されていると考えられる場合には投資を増加させるとも考えられるのでその場合の符号条件は正とも考えられる。

なお，本章では（4.2）式を推定した後，それぞれの推定式の誤差項に関して次数0で「単位根あり」との帰無仮説を棄却できるかを検証する。もしこの帰無仮説を次数0で棄却できれば説明変数と被説明変数に共和分関係が存在することを意味し，(4.2）式のすべての変数に関して1階の階差をとった以下の誤差修正モデル（ECM）

$$\Delta i = \alpha_0 + \alpha_1 \Delta d + \alpha_2 \Delta g + \alpha_3 \Delta u + \alpha_4 \Delta tb + \alpha_5 \Delta i_{-1} + \delta ECT_{-1} + \varepsilon_3 \quad (4.3)$$

を推定する必要がある。ここで Δ は1階の階差を，ECT_{-1} は（4.2）式の1期前の誤差項を，ε_3 は（4.3）式の誤差項を表している。

4. 実証分析

4.1 記述統計
4.1.1 日本

表4.1 記述統計（日本，冷戦期，レベル）

変数	1980年II〜1991年IV ($n=47$)			
	最小値	最大値	平均値	標準偏差
inv_1	0.235	0.323	0.273	0.024
inv_2	0.135	0.220	0.164	0.020
d	0.007	0.011	0.010	0.001
g	0.400	7.400	3.328	1.512
u	1.967	3.000	2.440	0.285
tb	0.002	0.035	0.016	0.009

（注）実質化は2000年基準連鎖価格による。
（出所）筆者作成。

表4.2 記述統計（日本，冷戦期，第1階差）

変数	1980年III〜1991年IV ($n=46$)			
	最小値	最大値	平均値	標準偏差
inv_1	-0.031	0.026	0.001	0.015
inv_2	-0.038	0.035	0.001	0.019
d	-0.003	0.003	0.000	0.002
g	-3.800	5.200	-0.028	1.671
u	-0.233	0.200	0.002	0.090
tb	-0.010	0.010	0.000	0.004

（注）実質化は2000年基準連鎖価格による。
（出所）筆者作成。

4. 実証分析　99

表4.3　記述統計（日本，ポスト冷戦期，レベル）

変数	1995年II〜2016年IV ($n=87$)			
	最小値	最大値	平均値	標準偏差
inv_1	0.205	0.332	0.260	0.032
inv_2	0.126	0.180	0.150	0.013
d	0.008	0.011	0.010	0.001
g	-8.435	7.155	0.351	3.788
u	3.033	5.433	4.254	0.700
tb	-0.044	0.007	-0.019	0.012

（注）実質化は2011年基準連鎖価格による。
（出所）筆者作成。

表4.4　記述統計（日本，ポスト冷戦期，第1階差）

変数	1995年III〜2016年IV ($n=86$)			
	最小値	最大値	平均値	標準偏差
inv_1	-0.038	0.028	-0.001	0.014
inv_2	-0.037	0.031	0.000	0.022
d	-0.002	0.002	0.000	0.001
g	-14.840	7.827	0.053	5.707
u	-0.267	0.533	0.000	0.156
tb	-0.023	0.015	0.000	0.005

（注）実質化は2011年基準連鎖価格による。
（出所）筆者作成。

　日本の4半期データを用いた冷戦期とポスト冷戦期の記述統計は表4.1〜4.4に示されている。データの出所は内閣府（http://www.cao.go.jp/）による『2009年度国民経済計算（2000年基準・93SNA』，『2015年度国民経済計算（2011年基準・2008SNA）』，財務省『財政資金対民間収支』（http://www.mof.go.jp/exchequer/reference/receipts_payments/index.htm），総務省『労働力調査　長期時系列データ』である。ここで inv_1 は民間総投資対GDP比，inv_2 は民間設備投資対GDP比，d は防衛支出の対GDP比，g は対前期比経済成長率，u は完全失業率，tb は貿易収支の対GDP比である。推定期間は1980年代のすべてのデータがそろう1983年第1四半期からソ連が崩壊した1991年第4四半期までを冷戦期，1991年第1四半期から2016年第4四半期までをポスト冷戦期としている。なお，inv_1, inv_2, d, g, tb は冷戦期については2000年連鎖価格，ポスト冷戦期については2011年連鎖価格により実質化されたデータを使用して作成した。また，財務省の『財政資金対民間収支』が公表している四半期ごとの防衛関連費は季節調整されていないのでセンサス局法X-12により季節調整を行なった。tb は実質輸出額から実質輸入額を控除して算出した実質貿易収支の対GDP比を用いて算出した。

4.1.2 米国

表 4.5 記述統計（米国，冷戦期，レベル）

変数	1980年I～1991年IV ($n=48$)			
	最小値	最大値	平均値	標準偏差
inv_1	0.121	0.162	0.142	0.010
inv_2	0.030	0.036	0.033	0.002
d_1	0.064	0.083	0.075	0.005
d_2	0.010	0.019	0.015	0.003
g	-2.022	2.283	0.688	0.926
u	5.200	10.667	7.099	1.438
tb	-0.026	0.004	-0.013	0.009

（出所）筆者作成。

表 4.6 記述統計（米国，冷戦期，第1階差）

変数	1980年II～1991年IV ($n=47$)			
	最小値	最大値	平均値	標準偏差
Δinv_1	-0.012	0.011	0.000	0.005
Δinv_2	-0.002	0.002	0.000	0.001
Δd_1	-0.003	0.003	0.000	0.001
Δd_2	-0.001	0.002	0.000	0.001
Δg	-2.611	2.132	0.004	0.993
Δu	-0.833	1.033	0.017	0.382
Δtb	-0.005	0.005	0.000	0.002

（出所）筆者作成。

表 4.7 記述統計（米国，プレテロ戦期，レベル）

変数	1992年I～2001年II ($n=38$)			
	最小値	最大値	平均値	標準偏差
inv_1	0.129	0.193	0.163	0.019
inv_2	0.031	0.058	0.046	0.008
d_1	0.040	0.069	0.051	0.009
d_2	0.007	0.013	0.009	0.002
g	-0.293	1.904	0.911	0.480
u	3.900	7.633	5.398	1.162
tb	-0.040	-0.004	-0.018	0.012

（出所）筆者作成。

表 4.8 記述統計（米国，プレテロ期，第1階差）

変数	1992年II～2001年II ($n=37$)			
	最小値	最大値	平均値	標準偏差
Δinv_1	-0.008	0.008	0.001	0.003
Δinv_2	-0.003	0.002	0.001	0.001
Δd_1	-0.004	0.001	-0.001	0.001
Δd_2	-0.001	0.000	0.000	0.000
Δg	-1.776	1.593	-0.017	0.688
Δu	-0.367	0.333	-0.080	0.160
Δtb	-0.004	0.004	-0.001	0.002

（出所）筆者作成。

表 4.9 記述統計（米国，ポストテロ期，レベル）

変数	2001年III～2016年IV ($n=62$)			
	最小値	最大値	平均値	標準偏差
inv_1	0.125	0.191	0.168	0.016
inv_2	0.044	0.067	0.057	0.006
d_1	0.039	0.056	0.047	0.005
d_2	0.008	0.012	0.010	0.001
g	-2.157	1.686	0.458	0.612
u	4.433	9.933	6.425	1.706
tb	-0.056	-0.023	-0.039	0.011

（出所）筆者作成。

表 4.10 記述統計（米国，ポストテロ期，第1階差）

変数	2001年IV～2016年IV ($n=62$)			
	最小値	最大値	平均値	標準偏差
Δinv_1	-0.015	0.009	0.000	0.004
Δinv_2	-0.005	0.003	0.000	0.002
Δd_1	-0.002	0.003	0.000	0.001
Δd_2	-0.001	0.001	0.000	0.000
Δg	-1.678	1.360	0.012	0.647
Δu	-0.500	1.400	-0.002	0.345
Δtb	-0.004	0.006	0.000	0.002

（出所）筆者作成。

米国の4半期データを用いた冷戦期，ポスト冷戦・プレテロ期およびポストテロ期の記述統計は表4.5〜4.10に示されている。使用したデータは米国商務省経済統計局（BEA）のウェブサイト（http://www.bea.gov/）および米国労働省労働統計局のウェブサイト（http://www.bls.gov/）から取得した。ここでinv_1は民間総投資の対GDP比，inv_2は民間企業設備投資の対GDP比，d_1は防衛支出の対GDP比，d_2は防衛投資支出の対GDP比，gは対前期比経済成長率，uは民間部門失業率，tbは貿易収支の対GDP比である。なお，inv_1，inv_2，d_1，d_2，g，tbはすべて2009年連鎖価格により実質化されたデータを使用して作成した。

4.2 単位根検定
4.2.1 日本

表 4.11 ADF 検定の結果（日本，冷戦期）

変数	次数	定数項なしトレンドなし t 値	定数項ありトレンドなし t 値	定数項ありトレンドあり t 値
		1980 年 I ―1991 年 IV		
inv_1	0	0.499	-1.708	-2.963
	1	-2.461 *	-2.496	-2.679
	2	―	-8.839 ***	-4.342 **
inv_2	0	0.950	-0.760	-2.588
	1	-1.713 †	-2.033	-1.802
	2	―	-20.230 ***	-20.119 ***
d	0	0.204	-1.776	-1.959
	1	-25.080 ***	-24.792 ***	-25.595 ***
g	0	-0.756	-3.408 *	-3.181
	1	-4.493 ***	―	-4.622 **
u	0	0.099	-1.487	-1.587
	1	-6.187 ***	-6.118 ***	-6.979 ***
tb	0	-1.031	-1.845	-2.388
	1	-1.760 †	-1.752	-1.464
	2	―	-14.843 ***	-14.835 ***

（注）表中の***，**，*および†は各変数が単位根を持つとの帰無仮説を当該次数においてそれぞれ 0.1％，1％，5％および 10％で棄却できることを表している。

表 4.12 ADF 検定の結果（日本，ポスト冷戦期）

変数	次数	定数項なしトレンドなし t 値	定数項ありトレンドなし t 値	定数項ありトレンドあり t 値
		1995 年 II ―2016 年 IV		
inv_1	0	-1.050	-1.521	-2.338
	1	-3.238 **	-3.349 *	-3.406 †
inv_2	0	-0.089	-3.544 **	-3.668 *
	1	-3.061 **	―	―
d	0	-0.376	-1.622	-2.251
	1	-18.127 ***	-18.027 ***	-17.914 ***
g	0	-3.648 ***	-4.866 ***	-4.909 ***
u	0	-0.304	-1.547	-1.759
	1	-5.863 ***	-5.828 ***	-6.182 ***
tb	0	-1.232	-1.892	-1.892
	1	-8.566 ***	-8.520 ***	-8.520 ***

（注）表中の***，**，*および†は各変数が単位根を持つとの帰無仮説を当該次数においてそれぞれ 0.1％，1％，5％および 10％で棄却できることを表している。

　日本の冷戦期に関するすべての変数の拡張版 Dickey-Fuller 検定（ADF 検定）による単位根検定の結果は表 4.11 に示されている。3 種類の ADF 検定の結果すべてにおいて次数 0 で単位根ありとの帰無仮説が棄却されている変数はない。g は定数項を加えた場合のみ次数 0 で単位根ありとの帰無仮説が棄却されている。また，d と u が 3 種類の ADF 検定の結果すべてにおいて次数 1 で単位根ありとの帰無仮説が棄却されている。

　ポスト冷戦期におけるすべての変数の ADF 検定の結果は表 4.12 に示されている。g が 3 種類の ADF 検定の結果すべてにおいて次数 0 で単位根ありとの

帰無仮説が棄却されている。また，inv_2 は定数項を加えた場合と定数項とトレンドをともに加えた場合では次数0で単位根ありとの帰無仮説が棄却されているが，定数項とトレンドの両方を加えない場合には次数1で単位根ありとの帰無仮説が棄却されている。これら3変数以外はすべて3種類のADF検定の結果すべてにおいて次数1で単位根ありとの帰無仮説が棄却されている。

4.2.2 米国

表 4.13　ADF 検定の結果（米国，冷戦期）

1980 年 I —1991 年 IV

変数	次数	定数項なし トレンドなし t 値	定数項あり トレンドなし t 値	定数項あり トレンドあり t 値
inv_1	0	-0.441	-2.412	-1.787
	1	-5.657 ***	-5.581 ***	-5.578 ***
inv_2	0	-0.444	-1.602	-1.522
	1	-6.909 ***	-6.826 ***	-6.883 ***
d_1	0	0.432	-2.088	-0.733
	1	-5.737 ***	-5.671 ***	-6.505 ***
d_2	0	0.536	-1.787	0.265
	1	-5.738 ***	-5.754 ***	-6.989 ***
g	0	-3.171 **	-4.224 **	-4.171 **
u	0	-0.669	-1.840	-1.772
	1	-3.799 ***	-3.749 **	-3.629 *
tb	0	-0.471	-2.211	-0.120
	1	-5.596 ***	-5.540 ***	-6.391 ***

（注）表中の***，**および*は各変数が単位根を持つとの帰無仮説を当該次数においてそれぞれ 0.1%，1%および 5%で棄却できることを表している。

表 4.14　ADF 検定の結果（米国, ポスト冷戦・プレテロ期）

1992 年 I —2001 年 II

変数	次数	定数項なし トレンドなし t 値	定数項あり トレンドなし t 値	定数項あり トレンドあり t 値
inv_1	0	2.167	-1.843	-1.191
	1	-5.704 ***	-6.354 ***	-6.599 ***
inv_2	0	3.462	-1.632	-1.056
	1	-3.832 ***	-5.056 ***	-5.243 ***
d_1	0	-5.439 ***	-5.904 ***	-0.275
	1	—	—	-8.495 ***
d_2	0	-4.046 ***	-3.256 *	-1.365
	1	—	—	-7.611 ***
g	0	-1.255	-5.959 ***	-5.874 ***
	1	-13.243 ***		
u	0	-3.441 **	-1.786	-0.005
	1	—	-4.978 ***	-5.818 ***
tb	0	2.986	0.303	-1.232
	1	-2.285 *	-5.389 ***	-5.425 ***

（注）表中の***，**および*は各変数が単位根を持つとの帰無仮説を当該次数においてそれぞれ 0.1%，1%および 5%で棄却できることを表している。

104　第4章　日米における防衛支出の民間投資クラウディング・アウト効果の実証分析

表 4.15　ADF 検定の結果（米国，ポストテロ期）

変数	次数	2001 年Ⅲ—2016 年Ⅳ		
		定数項なし トレンドなし t 値	定数項あり トレンドなし t 値	定数項あり トレンドあり t 値
inv_1	0	0.125	-1.615	-1.675
	1	-5.013 ***	-4.964 ***	-4.907 ***
inv_2	0	0.252	-2.332	-2.870
	1	-4.515 ***	-4.504 ***	-4.465 **
d_1	0	-0.605	-1.845	-1.737
	1	-1.754 †	-4.964 ***	-2.054
	2	—	—	-3.567 *
d_2	0	-0.731	-1.869	-1.162
	1	-1.969 *	-1.948	-7.928 ***
	2	—	-11.08 ***	—
g	0	-3.565 ***	-4.886 ***	-4.880 ***
u	0	-0.871	-1.582	-1.497
	1	-3.316 **	-3.292 *	-3.274 †
tb	0	-0.363	-0.834	-1.269
	1	-6.450 ***	-6.395 ***	-6.322 ***

(注) 表中の***，**，*および†は単位根ありとの帰無仮説を当該次数においてそれぞれ 0.1%，1%，5%および 10%で棄却できることを表している。

　米国の冷戦期に関するすべての変数の ADF 検定による単位根検定の結果は表 4.13 に示されている。g のみ 3 種類の ADF 検定の結果すべてにおいて次数 0 で単位根ありとの帰無仮説が棄却されている。それ以外のすべての変数は 3 種類の ADF 検定の結果すべてにおいて次数 1 で単位根ありとの帰無仮説が棄却されている。

　ポスト冷戦・プレテロ期におけるすべての変数の ADF 検定の結果は表 4.14 に示されている。3 種類の ADF 検定の結果すべてにおいて次数 0 で単位根ありとの帰無仮説が棄却されている変数はなく，すべての変数が 3 種類の ADF 検定のいずれかの結果において次数 1 で単位根ありとの帰無仮説が棄却されている。

　ポストテロ期におけるすべての変数の ADF 検定の結果は表 4.15 に示されて

いる。g のみ 3 種類の ADF 検定の結果すべてにおいて次数 0 で単位根ありとの帰無仮説が棄却されている。それ以外のすべての変数は 3 種類の ADF 検定のいずれかの結果において次数 1 で単位根ありとの帰無仮説が棄却されている。

4.3　長期均衡の推定結果
4.3.1　日本

表 4.16　基本モデルの推定結果（日本，OLS）

推定期間	1980 年 I ～1991 年IV				1995 年 II ～2016 年IV			
推定式番号	(4.1)		(4.2)		(4.3)		(4.4)	
被説明変数	inv_1		inv_2		inv_1		inv_2	
説明変数	推定係数	t 値	推定係数	t 値	推定係数	t 値	推定係数	t 値
定数項	0.396	18.525 ***	0.116	3.133 **	0.271	9.039 ***	0.097	10.836 ***
d	-8.100	-8.662 ***	4.370	4.302 ***	-4.633	-2.820 **	6.613	7.581 ***
g	0.001	0.809	0.001	0.311	0.002	5.862 ***	-0.001	-6.327 ***
u	-0.008	-0.847	0.007	0.399	-0.001	-0.237	-0.002	-1.143
tb	-1.719	-6.007 ***	-2.083	-4.014 ***	-2.100	-6.946 ***	0.035	0.243
adj. R^2	0.728		0.534		0.601		0.289	
SE	0.012		0.017		0.020		0.011	
DW	1.047		0.474		0.379		1.544	
BG_{LM}	24.582 ***		27.947 ***		66.277 ***		56.524 ***	
JB	1.194		1.078		2.395		0.202	
BP_{Hetero}	8.022 †		7.951 †		5.018		10.795 *	
W_{Hetero}	16.949		17.074		12.192		24.646 *	
F	31.774 ***		14.158 ***		33.448 ***		9.721 ***	

（注）表中の***，**，*および†はそれぞれ 0.1%，1%，5%および 10%で有意であることを表している。

冷戦期およびポスト冷戦期における (4.2) 式で表される基本モデルの推定結果，つまり長期的均衡の推定結果は表 4.16 に示されている。ここで adj. R^2 は自由度修正済み決定係数，SE は標準誤差，DW は Durbin-Watson 検定統計量，BG_{LM} は次数を 4 とする誤差項の系列相関を検定する Breusch-Godfrey のラグランジュ乗数（LM）検定統計量，JB は誤差項の正規分布を検定する Jarque-Bera 検定統計量，BP_{Hetero} と W_{Hetero} はそれぞれ誤差項の均一分散を検定する Breusch-Pagan 検定統計量と White 検定統計量，F は F 検定統計量

である。4本すべての推定式において Breusch-Godfrey の LM 検定統計量から4次の系列相関はないとの帰無仮説が 0.1％水準で棄却されている。またすべての推定式で Jarque-Bera 検定統計量から誤差項は正規分布であるとの帰無仮説は棄却されていないので各推定式における誤差項の分散が均一かどうかは Breusch-Pagan 検定統計量から判断する。同統計量は推定式番号（4.3）をのぞく3本の推定式において誤差項は均一分散であるとの帰無仮説を棄却している。このようなことから4本すべての推定式について Newey-West の一致性のある推定が行なわれている。

まず冷戦期から見よう。inv_1 を被説明変数とした推定式番号（4.1）において d は 0.1％で有意な負であり、長期的関係において防衛支出による民間投資のクラウディング・アウト効果が確認される。ただしその推定係数は－8.10 と Smith（1980）による完全クラウディング・アウト仮説である－1 よりもクラウディング・アウト効果はかなり大きい。g と u は符号条件を満たしているが有意ではない。tb は 0.1％で有意な負の符号を示している。inv_2 を被説明変数とした推定式番号（4.2）では d の推定係数は 4.37 で 0.1％で有意であり、反対に防衛支出による民間企業設備投資のクラウディング・イン効果が確認される。推定式番号（4.1）と同様に g と u は符号条件を満たしているが有意ではなく、tb は 0.1％で有意な負の符号を示している。

次にポスト冷戦期を見よう。inv_1 を被説明変数とする推定式番号（4.3）では d は 1％で有意な負であり、防衛支出による民間投資のクラウディング・アウトが確認されるが、その推定係数は－4.63 と冷戦期に比べてクラウディング・アウト効果は低下している。g と tb はともに 0.1％で有意であり、符号は前者が正、後者が負である。u は符号条件を満たしているが有意ではない。inv_2 を被説明変数とする推定式番号（4.3）では d は 0.1％で有意でその推定係数 6.61 であり、冷戦期と同じく防衛支出による民間企業設備投資のクラウディング・イン効果が確認されるが、冷戦期に比較してその係数は効果は上昇している。4本の推定式のうち自由度修正済み決定係数が 0.7 を超えているのは推定式記番号（4.1）だけであり、そのほかの3本については説明力が低い。

表 4.17　誤差項の ADF 検定の結果（日本）

推定式番号	定数項あり トレンドなし	定数項あり トレンドあり
(3.1)	-1.402	-1.921
(3.2)	-1.721	-2.814
(3.3)	-2.999	-3.703
(3.4)	-3.098	-3.181

(注) 有意水準は Davidson and MacKinnon (1993, p.722, Table 20.2) による。ただし同表では定数項とトレンドがともにない単位根検定の有意水準は示されていない。

ここで Engle and Granger (1989) の方法で共和分検定を行なう。ADF 検定により 4 本の推定式の誤差項に関して次数 0 で単位根ありとの帰無仮説を棄却できるかを検証した。これら誤差項の ADF 検定の結果は表 4.17 に示されている。4 本の推定式すべてについて定数項のみ加えた ADF 検定でも定数項とトレンドをともに加えた ADF 検定でも同帰無仮説は棄却されていない。

4.3.2　米国

表 4.18　基本モデルの推定結果（米国，冷戦期，OLS）

推定期間			1980 年 II ～ 1991 年 IV					
推定式番号	(4.5)		(4.6)		(4.7)		(4.8)	
被説明変数	inv_1		inv_1		inv_2		inv_2	
説明変数	推定係数	t 値	推定係数	t 値	推定係数	t 値	推定係数	t 値
定数項	0.289	12.288 ***	0.219	15.252 ***	0.050	13.831 ***	0.043	28.941 ***
d_1	-2.107	-6.631 ***			-0.215	-4.022 ***	-0.490	-5.432 ***
d_2			-4.878	-6.215 ***				
g	0.001	0.932	0.001	1.176	0.000	-1.809 †	0.000	-2.084 *
u	-0.001	-2.504 *	-0.004	-5.977 ***	0.000	-4.773 ***	-0.001	-8.335 ***
tb	-1.562	-11.428 ***	-1.744	-11.277 ***	-0.193	-6.392 ***	-0.210	-8.523 ***
adj. R^2	0.829		0.855		0.773		0.779	
SE	0.004		0.004		0.001		0.001	
DW	0.681		0.884		1.073		1.204	
BG_{LM}	25.897 ***		22.985 ***		9.263 †		6.794	
JB	1.543		5.221 †		0.214		2.984	
BP_{Hetero}	12.986 *		12.713 *		2.771		10.795 *	
W_{Hetero}	23.639 †		23.083 †		10.777		11.406	
F	58.004 ***		70.124 ***		40.900 ***		42.389 ***	

(注) 表中の***，**，*および†はそれぞれ 0.1%，1%，5%および 10%で有意であることを表している。

108 第4章 日米における防衛支出の民間投資クラウディング・アウト効果の実証分析

表 4.19 基本モデルの推定結果（米国，ポスト冷戦・プレテロ期，OLS）

推定期間	1992年I〜2001年II							
推定式番号	(4.9)		(4.10)		(4.11)		(4.12)	
被説明変数	inv_1		inv_1		inv_2		inv_2	
説明変数	推定係数	t値	推定係数	t値	推定係数	t値	推定係数	t値
定数項	0.220	20.143 ***	0.209	19.766 ***	0.070	25.694 ***	0.065	20.828 ***
d_1	−0.884	−2.665 *			−0.234	−2.937 **		
d_2			−2.720	−3.021 **			−0.815	−1.615
g	0.004	6.080 ***	0.004	5.220 ***	0.000	1.306	0.000	0.928
u	−0.005	−1.605	−0.006	−2.955 **	−0.003	−6.879 ***	−0.003	−3.321 **
tb	−0.505	−3.617 ***	−0.567	−4.047 ***	−0.247	−10.500 ***	−0.300	−8.005 ***
adj. R^2	0.976		0.975		0.986		0.984	
SE	0.003		0.003		0.001		0.001	
DW	0.848		0.911		0.991		0.923	
BG_{LM}	12.328 *		10.308 *		11.127 *		14.258 **	
JB	1.165		1.023		5.047 †		2.275	
BP_{Hetero}	4.866		3.188		5.019		4.712	
W_{Hetero}	22.634 †		17.176		14.737		13.004	
F	381.176 ***		363.988 ***		719.124 ***		554.357 ***	

（注）表中の ***，**，* および † はそれぞれ 0.1%，1%，5%および 10%で有意であることを表している。

表 4.20 基本モデルの推定結果（米国，ポストテロ期，OLS）

推定期間	2001年III〜I 2016年IV							
推定式番号	(4.13)		(4.14)		(4.15)		(4.16)	
被説明変数	inv_1		inv_1		inv_2		inv_2	
説明変数	推定係数	t値	推定係数	t値	推定係数	t値	推定係数	t値
定数項	0.216	13.050 ***	0.207	17.275 ***	0.094	10.056 ***	0.097	15.508 ***
d_1	−0.774	−1.676 †			0.223	0.581		
d_2			−2.162	−1.898 †			0.574	0.582
g	0.005	5.582 ***	0.005	5.386 ***	0.002	2.674 **	0.002	2.687 **
u	−0.005	−3.701 ***	−0.006	−5.511 ***	−0.004	−3.603 ***	−0.004	−4.780 ***
tb	−0.425	−2.546 *	−0.376	−2.366 *	0.559	4.421 ***	0.542	5.652 ***
adj. R^2	0.867		0.872		0.584		0.586	
SE	0.006		0.006		0.004		0.004	
DW	0.378		0.364		0.396		0.412	
BG_{LM}	41.496 ***		42.674 ***		44.222 ***		43.747 ***	
JB	1.784		1.961		2.622		2.292	
BP_{Hetero}	8.230 †		6.128		12.338 *		14.231 **	
W_{Hetero}	36.870 ***		33.142 ***		45.081 ***		43.245 ***	
F	100.406 ***		105.154 ***		22.414 ***		22.571 ***	

（注）表中の ***，**，* および † はそれぞれ 0.1%，1%，5%および 10%で有意であることを表している。

冷戦期，ポスト冷戦期およびポストテロ期における基本モデルの推定結果はそれぞれ表4.18～4.20に示されている。Durbin-Watson検定統計量から誤差項に1次の系列相関はないとの帰無仮説が推定式番号（4.5）～（4.7）では1％水準で，推定式番号（4.8）では5％水準で棄却されており，Breusch-GodfreyのLM検定統計量から4次の系列相関はないとの帰無仮説が推定式番号（4.5）および（4.6）では0.1％水準で，推定式番号（4.7）では10％水準で棄却されている。また推定式番号（4.6）をのぞく3本の推定式ではJarque-Bera検定統計量から誤差項は正規分布であるとの帰無仮説は棄却されていないが推定式番号（4.6）では10％水準で帰無仮説が棄却されている。したがって各推定式における誤差項の分散が均一かどうかは推定式番号（4.6）ではWhite検定統計量から，それ以外の3本の推定式についてはBreusch-Pagan検定統計量から判断する。同統計量は推定式番号（4.5），（4.6），（4.8）で誤差項は均一分散であるとの帰無仮説が棄却されている。以上より4本すべての推定式についてNewey-Westの一致性のある推定が行なわれている。

まず冷戦期からみよう。被説明変数に関係なくd_1もd_2も0.1％で有意な負である。防衛支出も防衛投資支出もそのクラウディング・アウト効果，つまり推定係数の絶対値は民間総投資の方が民間企業設備投資よりも大きく，d_1よりもd_2の方が大きい。gとuは4本すべての推定式において符号条件を満たしているが，後者が4本すべてで有意であるのに対して前者は推定式番号（4.5）および（4.6）では有意ではない。またtbの推定係数はすべて有意な負である。

次にポスト冷戦・プレテロ期についてみよう。ここでも被説明変数に関係なくd_1およびd_2の推定係数はすべて負である。推定式番号（4.12）ではd_2が10％でも有意ではないがそのt値の絶対値が1.62程度の弱い負の相関を示しており，この時期においても防衛支出と防衛投資支出が民間総投資と民間企業設備投資をクラウド・アウトしていたと考えられる。そのクラウディング・アウト効果は民間総投資の方が民間企業設備投資よりも大きく，d_1よりもd_2の方が大きい。gとuは4本すべての推定式において符号条件を満たしているが，前者が有意であるのは推定式番号（4.9）および（4.10）においてであり，後者については推定式番号（4.9）をのぞく3本の推定式で有意である。またtbの

推定係数はすべて有意な負である。

最後にポストテロ期について見よう。防衛支出であれ防衛投資支出であれ民間総投資に対してはクラウディング・アウト効果を示す一方，民間企業設備投資に対してはクラウディング・イン効果を示している。ただし有意なのは民間総投資に対するクラウディング・アウト効果だけである。gとuは4本すべての推定式において符号条件を満たして有意である。tbの推定係数は4本の推定式すべてにおいて有意であるが，符号は推定式番号（4.13）および（4.14）が負であるのに対して推定式番号（3.15）および（3.16）では正である。

表 4.21 誤差項の ADF 検定の結果（米国）

推定式番号	定数項あり トレンドなし	定数項あり トレンドあり
(3.5)	-3.315	-3.597
(3.6)	-4.314*	-4.397*
(3.7)	-4.112*	-4.155†
(3.8)	-4.621*	-4.595*
(3.9)	-2.952	-2.846
(3.10)	-3.147	-3.041
(3.11)	-3.334	-3.230
(3.12)	-2.267	-2.291
(3.13)	-2.240	-2.162
(3.14)	-2.217	-2.114
(3.15)	-2.875	-2.799
(3.16)	-2.875	-2.809

（注）表中の*および†は1％および10％で誤差項に単位根ありとの帰無仮説を棄却できることを表している。有意水準は Davidson and MacKinnon (1993, p.722, Table 20.2) による。ただし同表では定数項とトレンドがともにない単位根検定の有意水準は示されていない。

ここで日本と同様に Engle and Granger (1989) の方法で共和分検定を行なう。ADF 検定により米国の3つの推定期間における合計12本の推定式の誤差項に関して次数0で単位根ありとの帰無仮説を棄却できるかを検証した。これら誤差項の ADF 検定の結果は表 4.21 に示されている。次数0で同帰無仮説を棄却できるのは冷戦期における (4.6), (4.7) と (4.8) の3本だけである。

4.4 Johansen の共和分検定
4.4.1 日本

表 4.22　Johansen の共和分検定の結果（日本，トレース統計量）

推定式番号	共和分の数に関する帰無仮説				
	$r=0$	$r\leq 1$	$r\leq 2$	$r\leq 3$	$r\leq 4$
(4.1)	109.639 ***	53.805 †	26.438	13.471	3.828
(4.2)	117.029 ***	43.747	25.994	13.046	2.581
(4.3)	161.988 ***	76.088 ***	32.866 †	16.339	4.116
(4.4)	169.978 ***	69.636 **	34.122 †	11.089	4.005

(注) 表中の***，**および†はそれぞれ 0.1％，1％および 10％でそれぞれの共和分の数に関する帰無仮説が棄却されることを表している。

ここでトレース統計量を用いた Johansen (1988) の共和分検定を行なう。日本の 4 本の推定式に関するその結果は表 4.22 に示されている[7]。推定式番号 (4.1) では「共和分の数は 0 個」と「共和分の数は多くても 1 個」との帰無仮説が棄却され，「共和分の数は 2 個以上」が支持されている。推定式番号 (4.2) では「共和分の数は 0 個」との帰無仮説が棄却され，「共和分の数は 1 個以上」が支持されている。さらに推定式番号 (4.3) および (4.4) ではともに「共和分の数は 0 個」，「共和分の数は多くても 1 個」および「共和分の数は多くても 2 個」との帰無仮説が棄却され，「共和分の数は 3 個以上」が支持されている。

---

[7] 共和分検定におけるラグ次数は冷戦期の 2 本の推定式が 1 次，ポスト冷戦期の 2 本の推定式が 1 次と 2 次である。

4.4.2 米国

表 4.23　Johansen の共和分検定の結果（米国，トレース統計量）

推定式番号	共和分の数に関する帰無仮説				
	$r=0$	$r\leq 1$	$r\leq 2$	$r\leq 3$	$r\leq 4$
(4.5)	140.662 ***	85.614 ***	47.368 **	27.383 **	7.524
(4.6)	160.456 ***	102.915 ***	62.339 ***	33.851 ***	12.580 *
(4.7)	150.056 ***	83.223 ***	47.793 **	25.975 **	10.324 *
(4.8)	164.304 ***	95.193 ***	58.351 ***	28.453 **	10.512 *
(4.9)	106.871 ***	66.836 **	34.614 †	16.821	4.779
(4.10)	105.256 ***	66.871 **	37.020 *	16.875	4.272
(4.11)	90.447 **	48.253	30.550	14.706	5.004
(4.12)	85.629 **	52.774 †	30.199	16.309	6.042
(4.13)	99.860 ***	58.377 *	37.187 *	18.245 †	5.415
(4.14)	97.526 ***	59.543 *	33.071 †	15.359	6.439
(4.15)	151.646 ***	104.164 ***	66.514 ***	30.667 **	11.558 **
(4.16)	159.915 ***	107.495 ***	67.484 ***	31.637 ***	11.909 *

（注）表中の***，**，*および†はそれぞれ0.1%，1%，5%および10%でそれぞれの共和分の数に関する帰無仮説が棄却されることを表している。

　米国の4本の推定式に関するトレース統計量を用いたJohansenの共和分検定の結果は表4.23に示されている[8]。推定式番号（4.6），（4.7），（4.8），（4.15），（4.16）の5本の推定式では「共和分の数は多くても0個」から「共和分の数は多くても4個」までのすべての帰無仮説が棄却されている。このことは共和分の数が0個を意味する。「共和分の数は1個以上」が支持されているのは推定式番号（4.11），「共和分の数は2個以上」が支持されているのは推定式番号（4.12），「共和分の数は3個以上」が支持されているのは推定式番号（4.9），（4.10）および（4.14），「共和分の数は4個以上」が支持されているのは推定式番号（4.5）と（4.13）である。

8　共和分検定におけるラグ次数は冷戦期およびポスト冷戦・プレテロ期の合計8本の推定式が1次，ポストテロ期の4本の推定式が1次と2次である。

4.5 ECM の推定結果
4.5.1 日本

表 4.24 ECM の推定結果（日本，OLS）

推定期間	1980 年 II 〜1991 年 IV				1995 年 III 〜2016 年 IV			
推定式番号	(4.17)		(4.18)		(4.19)		(4.20)	
被説明変数	Δinv_1		Δinv_2		Δinv_1		Δinv_2	
説明変数	推定係数	t 値	推定係数	t 値	推定係数	t 値	推定係数	t 値
定数項	0.001	0.570	0.001	1.106	0.000	-0.682	0.000	0.223
Δd	-7.157	-13.597 ***	6.048	7.373 ***	-3.570	-5.213 ***	7.875	12.055 ***
Δg	0.001	0.682	0.000	0.140	0.001	11.170 ***	-0.002	-10.913 ***
Δu	-0.034	-1.463	-0.009	-0.560	0.006	0.765	0.010	1.633
Δtb	-1.381	-4.941 ***	-0.994	-3.014 **	-0.774	-3.153 **	0.042	0.144
ECT_{-1}	-0.519	-3.852 ***	-0.217	-2.199 *	-0.146	-2.788 **	-0.885	-7.864 ***
adj. R^2	0.531		0.677		0.530		0.784	
SE	0.011		0.010		0.010		0.010	
DW	2.025		2.607		2.111		1.698	
BG_{LM}	24.045 ***		24.829 ***		41.628 ***		46.043 ***	
JB	0.151		2.759		3.633		2.073	
BP_{Hetero}	2.276		13.488 *		7.626		8.698	
W_{Hetero}	18.942		35.485 *		30.558 †		35.167 *	
F	11.187 ***		19.865 ***		20.156 ***		62.627 ***	

（注）表中の ***，**，* および † はそれぞれ 0.1％，1％，5％および 10％で有意であることを表している。

(4.9) 式で表される日本の冷戦期およびポスト冷戦期における ECM の OLS による推定結果は表 4.24 に示されている。推定式番号 (4.17)，(4.19) および (4.20) では Durbin-Watson 検定統計量から誤差項に 1 次の系列相関はないとの帰無仮説が 1％水準で棄却されているが，推定式番号 (4.18) では 5％水準でも誤差項に 1 次の系列相関があるかないかを判断できない。また 4 本すべての推定式において Breusch-Godfrey の LM 検定統計量から 4 次の系列相関はないとの帰無仮説が 0.1％水準で棄却されている。またすべての推定式で Jarque-Bera 検定統計量から誤差項は正規分布であるとの帰無仮説は棄却されていないので各推定式において同帰無仮説が棄却されるかどうかは Breusch-Pagan 検定統計量から判断する。推定式番号 (4.18) においてのみ同統計量は誤差項は均一分散であるとの帰無仮説を棄却している。以上より 4 本すべての推定式について Newey-West の一致性のある推定が行なわれている。

ECT は 4 本すべての推定式において有意な負である。推定式番号 (4.17)

および (4.19) において Δd は 0.1％で有意な負である。その推定係数は前者が -7.16, 後者が -3.57 と冷戦期に比べてポスト冷戦期の方がクラウディング・アウト効果は低下している。推定式番号 (4.18) および (4.20) において Δd は 0.1％で有意な正であり，長期的関係の場合と同様にクラウディング・イン効果を示し，冷戦期よりもポスト冷戦期の方がその効果は大きくなっている。Δg は冷戦期では正の符号を示しているが 2 本の推定式においてともに有意ではないのに対し，ポスト冷戦期では推定式番号 (4.19) および (4.20) の 2 本の推定式においてともに有意ではあるが前者が正の符号を示しているのに対して後者は負の符号を示している。Δu の推定係数は冷戦期が負，ポスト冷戦期が正である。また同説明変数は 4 本の推定式すべて有意ではないが，推定式番号 (4.17) と (4.20) ではともに被説明変数と弱い相関を示している。Δtb は推定式番号 (4.17)～(4.19) においては有意な負を示しているが，推定式番号 (4.20) では有意ではなく，しかも符号はそれら 3 本の推定式とは反対の正である。

4.5.2 米国

表 4.25 ECM の推定結果（米国，冷戦期，OLS）

推定期間	\multicolumn{8}{c}{1980 年Ⅲ～1991 年Ⅳ}							
被説明変数	Δinv_1		Δinv_1		Δinv_2		Δinv_2	
推定式番号	(4.21)		(4.22)		(4.23)		(4.24)	
説明変数	推定係数	t 値	推定係数	t 値	推定係数	t 値	推定係数	t 値
定数項	0.000	0.079	0.000	0.228	0.000	-0.140	0.000	-0.312
Δd_1	-1.437	-6.089 ***			-0.016	-0.241		
Δd_2			-3.527	-4.091 ***			0.109	0.677
Δg	0.001	1.135	0.001	1.383	0.000	-1.996 †	0.000	-2.242 *
Δu	-0.003	-2.918 **	-0.005	-4.552 ***	-0.001	-2.919 **	-0.001	-3.366 **
Δtb	-1.417	-7.327 ***	-1.564	-6.446 ***	-0.120	-2.484 *	-0.115	-2.379 *
ECT_{-1}	-0.366	-3.852 ***	-0.473	-4.521 ***	-0.500	-3.577 ***	-0.542	-4.013 ***
adj. R^2	0.713		0.707		0.436		0.480	
SE	0.003		0.003		0.001		0.001	
DW	1.965		2.074		2.055		1.991	
BG_{LM}	8.657 †		7.975 †		2.106		2.061	
JB	1.668		1.593		3.984		4.328	
BP_{Hetero}	6.187		12.975 *		3.216		3.958	
W_{Hetero}	22.504		34.426 *		12.364		15.967	
F	23.813 ***		23.00 ***		8.108 ***		9.482 ***	

（注）表中の***，**，*および†はそれぞれ 0.1％，1％，5％および 10％で有意であることを表している。

4. 実証分析　115

表 4.26　ECM の推定結果（米国，ポスト冷戦・プレテロ期，OLS）

推定期間	1992 年III～2001 年II							
被説明変数	Δinv_1		Δinv_1		Δinv_2		Δinv_2	
推定式番号	(4.25)		(4.26)		(4.27)		(4.28)	
説明変数	推定係数	t 値	推定係数	t 値	推定係数	t 値	推定係数	t 値
定数項	0.000	-0.917	0.000	-0.944 *	0.000	1.283	0.000	0.892
Δd_1	-0.821	-2.819 **			-0.265	-2.436 *		
Δd_2			-3.165	-2.853 **			-0.701	-1.807 †
Δg	0.003	5.337 ***	0.003	5.141 ***	0.000	0.529	0.000	0.640
Δu	-0.006	-2.682 *	-0.005	-2.099 *	-0.000	-0.217	-0.000	-0.409
Δtb	-0.842	-3.425 **	-1.066	-4.170 ***	-0.266	-2.924 **	-0.324	-3.505 **
ECT_{-1}	-0.511	-3.617 ***	-0.517	-3.737 ***	-0.511	-3.191 **	-0.460	-3.605 **
adj. R^2	0.618		0.600		0.388		0.363	
SE	0.002		0.002		0.001		0.001	
DW	1.581		1.562		1.623		1.751	
BG_{LM}	5.396		4.745		5.235		2.061	
JB	0.295		0.090		7.203 *		4.328	
BP_{Hetero}	2.021		1.329		4.888		3.958	
W_{Hetero}	23.441		23.640		25.742		15.967	
F	12.650 ***		11.786 ***		5.563 ***		5.098 **	

（注）表中の***，**，*および†はそれぞれ0.1％，1％，5％および10％で有意であることを表している。

表 4.27　ECM の推定結果（米国，ポストテロ期，OLS）

推定期間	2002 年I～2016 年IV							
被説明変数	$\Delta inv1$		$\Delta inv1$		$\Delta inv2$		$\Delta inv2$	
推定式番号	(4.29)		(4.30)		(4.31)		(4.32)	
説明変数	推定係数	t 値	推定係数	t 値	推定係数	t 値	推定係数	t 値
定数項	0.000	-0.271	0.000	-0.168	0.000	0.792	0.000	0.846
Δd_1	-0.724	-1.812 †			0.010	0.052		
Δd_2			-2.084	-1.581			-1.130	-1.854 †
Δg	0.003	4.548 ***	0.003	4.718 ***	0.000	1.567 ***	0.000	1.916 †
Δu	-0.008	-6.025 ***	-0.008	-6.933 ***	-0.004	-5.525	-0.004	-5.744 ***
Δtb	-0.542	-3.127 **	-0.495	-2.808 **	0.073	0.788	0.086	0.965
ECT_{-1}	-0.236	-3.443 **	-0.236	-3.378 **	-0.108	-1.883 †	-0.130	-2.383 *
adj. R^2	0.642		0.640		0.393		0.431	
SE	0.003		0.003		0.001		0.001	
DW	1.665		1.697		1.886		1.825	
BG_{LM}	6.706		4.057		6.668		5.585	
JB	0.297		0.107		1.510		1.525	
BP_{Hetero}	7.141		6.846		2.535		1.955	
W_{Hetero}	28.910 †		23.034		9.381		14.755	
F	22.558 ***		22.327 ***		8.765 ***		10.085 ***	

（注）表中の***，**，*および†はそれぞれ0.1％，1％，5％および10％で有意であることを表している。

(4.9) 式で表される米国の冷戦期，ポスト冷戦期およびポストテロ期における OLS による ECM の推定結果はそれぞれ表 4.25〜4.27 に示されている。まず冷戦期についてみよう。4 本すべての推定式において Durbin-Watson 検定統計量は誤差項に 1 次の系列相関はないとの帰無仮説を 1％水準で棄却していないが，推定式番号 (4.21) および (4.22) における Breusch-Godfrey の LM 検定統計量は 4 次の系列相関はないとの帰無仮説を 10％水準で棄却している。また 4 本すべての推定式において Jarque-Bera 検定統計量から誤差項は正規分布であるとの帰無仮説は棄却されていないので各推定式において誤差項の分散は均一であるとの帰無仮説が棄却されるかどうかは Breusch-Pagan 検定統計量から判断する。推定式番号 (4.22) においてのみ同統計量は誤差項は均一分散であるとの帰無仮説を棄却している。したがって推定式番号 (4.21) および (4.22) の 2 本の推定式については Newey-West の一致性のある推定が行なわれている。4 本すべての推定式で ECT は 0.1％で有意な負である。Δinv_1 を被説明変数とする推定式番号 (4.21) および (4.22) では Δd_1 と Δd_2 の推定係数はそれぞれ 0.1％で有意な負であり民間総投資に対するクラウディング・アウト効果を確認できるが，推定式番号 (4.23) および (4.24) では Δd_1 と Δd_2 はともに有意ではなく，後者では符号は正であり民間企業設備投資に対する防衛投資支出のクラウディング・イン効果を示している。Δu と Δtb は 4 本すべての推定式で有意な負である。ただし Δg は推定式番号 (4.21) および (4.22) では符号は符号条件を満たして正であるが有意ではなく，推定式番号 (4.23) および (4.24) では有意ではなるが符号条件を満たしていない。自由度修正済み決定係数は推定式番号 (4.21) および (4.22) では 0.7 を超えて本モデルの説明力の高さを示しているが，推定式番号 (4.23) および (4.24) では 0.5 弱であり説明力が低いことを表している。

　次にポスト冷戦・プレテロ期に移ろう。Durbin-Watson 検定統計量から推定式番号 (4.25) および (4.26) において 1％水準で誤差項に 1 次の系列相関はないとの帰無仮説を棄却できるかどうか判断できないが，推定式番号 (4.27) および (4.28) では同帰無仮説を棄却できる。また 4 本すべての推定式における Breusch-Godfrey の LM 検定統計量から 4 次の系列相関はないとの帰無仮説は棄却されていない。推定式番号 (4.27) のみ Jarque-Bera 検定統計量から

誤差項は正規分布であるとの帰無仮説は棄却されているので同帰無仮説が棄却されるかどうかは同推定式については White 検定統計量から，残りの3本の推定式については Breusch-Pagan 検定統計量から判断する。それらは4本すべての推定式において誤差項は均一分散であるとの帰無仮説を棄却していない。したがってここでは4本すべてについて Newey-West の一致性のある推定が行なわれていない。ECT は4本すべての推定式で有意な負である。被説明変数に関係なく Δd_1 も Δd_2 も有意な負であり，民間総投資と民間企業設備投資に対するクラウディング・アウト効果を示している。Δd_1 であれ Δd_2 であれそのクラウディング・アウト効果は民間総投資に対しての方が民間企業設備投資に対してよりも大きい。また Δd_1 も Δd_2 も民間総投資に対するクラウディング・アウト効果は冷戦期よりも低下している。Δg と Δu はともに4本すべての推定式において符号条件を満たしているが有意なのは推定式番号 (4.25) および (4.26) においてのみである。Δtb は4本すべての推定式で有意な負である。自由度修正済み決定係数は全般的に低い。

最後にポストテロ期の推定結果を見よう。4本すべての推定式において Durbin-Watson 検定統計量は誤差項に1次の系列相関はないとの帰無仮説を1％水準で棄却しておらず，Breusch-Godfrey の LM 検定統計量も4次の系列相関はないとの帰無仮説を棄却していない。また4本すべての推定式において Jarque-Bera 検定統計量から誤差項は正規分布であるとの帰無仮説は棄却されていないので各推定式において誤差項の分散は均一であるとの帰無仮説が棄却されるかどうかは Breusch-Pagan 検定統計量から判断する。同統計量はすべての推定式において同帰無仮説を棄却していない。4本すべての推定式において ECT は0.1％で有意な負である。推定式番号 (4.29) において Δd_1 は10％で有意な負であり，民間総投資に対するクラウディング・アウト効果が確認されるがその効果の大きさは3期間の中で最も小さい。また Δd_1 は推定式番号 (4.31) では正の符号を示し民間企業設備投資に対するクラウディング・イン効果を示しているが有意ではない。Δd_2 は推定式番号 (4.30) および (4.32) において負の符号を示し，民間企業設備投資に対するクラウディング・アウト効果が確認されるが後者においては10％で有意であるのに対して前者での t 値の絶対値は1.60をわずかに下回る程度である。防衛支出と防衛投資支出の

民間総投資に対するクラウディング・アウト効果は3期間中最も小さいが，防衛投資支出の民間企業設備投資に対するそれはポスト冷戦・プレテロ期よりも大きい。Δg と Δu はともに4本すべての推定式において符号条件を満たして有意である。また Δtb は4本すべての推定式で有意な負である。自由度修正済み決定係数は全般的に低い。

5. 結論

本章では1980年以降の日米の四半期データを用いて冷戦期とポスト冷戦期において対GDP比の観点から防衛支出は民間投資をクラウド・アウトするのかについてSmith (1980) のモデルを使用し，単位根検定と共和分検定を経て誤差修正モデルで実証的に検証した。その結果明らかにされたのは以下の点である。

日本については，第1に，誤差修正項を考慮した誤差修正モデルを用いて実証分析をすることが重要であることが明らかにされた。冷戦期であれポスト冷戦期であれ，誤差修正モデルにおける誤差修正項は有意であった。第2に，2つの期間において，長期均衡であれ短期均衡であれ，防衛支出は民間総投資をクラウド・アウトすること，ただしそのクラウディング・アウトの程度はポスト冷戦期が冷戦期を下回っていることが明らかにされた。しかし，第3に，長期均衡においても短期均衡においても冷戦期であれポスト冷戦期であれ防衛支出は民間設備投資をクラウド・インすること，しかもポスト冷戦期においてはその程度が冷戦期におけるそれを上回っていることが明らかにされた。

米国については，第1に，日本と同様に誤差修正項を考慮した誤差修正モデルを用いて実証分析をすることが重要であることが明らかにされた。そして第2に，防衛支出はいずれの期間であれ長期均衡においても短期均衡においても民間総投資をクラウド・アウトしてきたが，その効果は冷戦期が最も大きく，ポストテロ期が最も小さいことが明らかにされた。第3に，防衛支出が民間企業設備投資をクラウド・アウトしていたのは長期均衡においては冷戦期とポスト冷戦・プレテロ期であるのに対して短期均衡においてはポスト冷戦・プレテ

ロ期だけであり,現在はそのクラウディング・アウト効果は消えていることが明らかにされた。防衛支出はポストテロ期においては長期均衡においても短期均衡においても民間企業設備投資をクラウド・アウトしないがクラウド・インもしなくなっている。さらに第4に,防衛投資支出は期間に関係なく長期均衡においても短期均衡においても民間総投資をクラウド・アウトしてきたが,その効果は冷戦期が最も大きく,ポストテロ期が最も小さいことが明らかにされた。しかし,第5に,防衛投資支出は長期均衡においては冷戦期とポスト冷戦・プレテロ期において民間企業設備投資をクラウド・アウトしていたが,短期均衡ではポスト冷戦・プレテロ期とポストテロ期においてクラウディング・アウト効果が見られ,しかもその効果はポストテロ期の方が大きいことが明らかにされた。

　ただし,日本の長期的均衡と短期的均衡における防衛支出のクラウディング・アウト効果とクラウディング・イン効果は米国のそれらに比べてかなり大きい。上述したようにSmith (1980) が国別の時系列データを用いた実証分析から得た日本の防衛支出の民間総投資クラウディング・アウト効果,つまり,トレード・オフの係数は-6.47であるが,彼もまたこの係数には懐疑的な見方をしている。防衛支出の対GDP比は1%前後であり,比較的安定しているので実際の民間投資に対するそれら効果はさほど大きくはなかったということになるが,この推定係数の格差については日米以外の時系列データを用いた分析などと比較し,その妥当性を検討する余地を残しているといえるだろう。

第5章

日米における防衛部門経済産出高とマクロ経済成長

―Feder-Ram モデルの推定とその改善―

1. 序論

　本章の目的は防衛経済学における Feder-Ram モデルの二部門モデルを用いて日米の防衛部門経済から非防衛部門経済（民生部門経済）への外部効果 (externality effect) を推定することである。

　防衛経済学の基本的な問題の1つに，防衛支出はマクロ経済成長にどのような影響を及ぼすのか，及ぼすとすればどのように，そしてどの程度及ぼすのかであった。Dunne *et al.* (2005) は防衛支出の経済効果を需要効果，供給効果，安全保障効果の3種類に分類している。第1の需要効果の代表例としてケインジアンの乗数効果を挙げることができる。遊休設備が発生しているとき，防衛支出の外生的な増加による有効需要の増加は資源の利用を増やし，その不完全雇用を減少させると考えられる。また，特に完全雇用が発生しているときには防衛支出は機会費用を発生させ，民間投資をクラウド・アウトすることも考えられる。巨大な軍需産業を持ち，世界一の通常兵器移転国である米国では米国自身が購入する通常兵器の生産だけでなく他国が購入する通常兵器生産もその経済成長に大きく貢献している可能性がある。反対に，自国に十分な規模の軍需産業を持たないために防衛装備のかなりの部分を海外からの通常兵器輸入に依存する発展途上国は国内の総需要拡大効果がそれだけ海外に流出している可能性もある。第2の供給効果は労働，資本，人的資本，天然資源といった生産要素や技術の利用可能性を通じて作用し，これらが潜在的な産出力を決定すると考えられる。さらに，需要効果で述べた投資のクラウディング・アウトは

1. 序論

資本ストックの変化をもたらし、やはり供給効果を生むと考えられる。軍事によって利用される資源が時間の経過をともなって外部効果をもたらす可能性もある。軍隊での経験が民間企業で雇用されたときに労働者を多かれ少なかれ生産的にするかもしれないし、軍事部門の研究開発が時間をおいて商業利用されてスピン・オフを生むかもしれない。そして国の内外を問わずその脅威から生命と財産を守ることで市場が機能し、投資やイノベーションの動機となるというのが第3の安全保障効果である。ただし、防衛支出は安全保障上の必要性だけから行われるのではなく、利潤を追求する軍産複合体からの要求に答えるかたちでおこなわれることもあり、したがって防衛支出は軍拡競争をひきおこしたりすることもあるので、このような場合にはプラスの安全保障効果はないと考えられる (Dunne et al. 2005, pp.450-451)。

これまで多くの研究者がこの研究に取り組んできたが、1990年代に入って盛んに実証分析が行われたのがFeder-Ramモデルである。このモデルはFeder (1983) とRam (1986) が用いた新古典派アプローチを防衛支出の経済分析に応用したものであり、外部効果という概念を生産関数に導入した点でこの分野の研究者の注目を集めることとなった。同モデルは防衛経済学の先行研究において多くの研究者によって用いられてきたが、Huang and Mintz (1991)、Heo (1997, 2010)、安藤 (1998a, 1998b, 1999, 2002)、そしてDunne et al. (2005) が指摘しているように、同モデルに内在する問題点として第1に多重共線性の発生を挙げることができる。本章では多重共線性の発生を抑えるために新たな推定方法を提案する。近年では経済学だけでなく政治学や社会学など様々な分野における実証研究で係数ダミーに代表される交差項が説明変数として含まれている場合には別途それらを推定する方法が提案されているが、先行研究ではそのような推定は行われていない。そこで、まず、多重共線性の発生を疑わざるを得ないほどに分散増幅因子 (VIF) が高い説明変数を標準化する。さらに、防衛支出拡大が経済成長率に及ぼす影響を詳細に分析するため、交差項を、それを構成する2つの変数のうち1つを連続変数から0.01を1つの間隔とする離散変数へと書き換え、それら各離散変数ごとに係数を推定する。

2. 先行研究

　米国における防衛部門経済から民生部門あるいは民間部門経済への外部効果に関する実証分析を行っている先行研究としては Atesoglu and Mueller (1990), Huang and Mintz (1991), Mintz, and Stevenson (1995), Ward et al. (1995), 安藤 (1998a, 1999), そして Heo (2010) がある。Atesoglu and Mueller (1990) は 1949～1989 年の米国の年次データを用いて二部門モデルを推定し, 有意な正の外部効果を明らかにしている。Huang and Mintz (1991) は 1952～1988 年のデータを用いて三部門モデルを推定しているが, その推定結果は防衛部門経済から民間部門経済への外部効果は正ではあるものの, 有意ではないことを示している。Ward et al. (1995) は 1890～1991 年までの米国の年次データを用いて三部門モデルを推定し, 推定期間を 40 年間として開始年を1年ずつずらし, 防衛部門経済の外部効果がどのように変化してきたかを明らかにしている。安藤 (1998a) は二部門モデルと三部門モデルを推定しており, 推定期間を 1975～1995 年とした場合にはいずれのモデルにおいても有意な外部効果を見いだせていないが, 推定期間を 1971～1995 年とした場合には二部門モデルで有意な正の外部効果を確認している。また, 安藤 (1999) は米国の年次データと四半期データを用いて二部門モデルを推定し, 1993 年第1四半期から 1999 年第2四半期までの四半期データを用いた推定結果では防衛部門経済から民生部門経済への弱い負の外部性効果が存在すること, そしてクリントン政権下で行われた防衛支出削減が同国のマクロ経済成長に大きく貢献したことを明らかにした。Heo (2010) は米国 1954～2005 年までの年次データを用いて Feder-Ram モデルと拡張版 Solow モデルを推定し, 両モデルともに多重共線性発生の可能性があることなど問題点を持っていることを指摘し, それら実証分析の結果から防衛支出は米国のマクロ経済に有意な影響を及ぼさないことを明らかにしている。

　パネル分析を行っている先行研究としては Alexander (1990), Robert and Alexander (1990), Mintz and Stevenson (1995), Macnair et al. (1995), 安

藤（2007）および Ando（2009）がある。Alexander（1990）はベルギー，デンマーク，オランダ，スウェーデン，オーストリア，オーストラリア，ニュージーランドの 9 ヶ国 1974〜1985 年のデータを用いて輸出部門を含めた四部門モデルを推定している。その実証分析から明らかにされた防衛部門経済から民間部門経済への外部効果は正ではあるものの有意ではない。Mintz and Stevenson（1995）は 103 ヶ国のパネルデータを用いて三部門モデルを推定し，オーストリア，コンゴ，西ドイツ，グアテマラ，モロッコ，パキスタンそしてシンガポールの 7 ヶ国について防衛部門経済から民間部門経済への外部効果を発見している。Macnair et al.（1995）は NATO に加盟するベルギー，カナダ，デンマーク，フランス，西ドイツ，イタリア，オランダ，ノルウェイ，英国および米国について 1950〜1988 年のデータを用いて同盟国からのスピル・インを考慮した三部門モデルのパネル分析を行い，その結果から有意な正の外部効果を明らかにしている。安藤（2007）は 1995〜2003 年の先進国 28 ヶ国と発展途上国 81 ヶ国のデータを用いたそれぞれの推定結果からともに有意な正の外部効果を明らかにしている。Ando（2009）はやはり 1995〜2003 年の先進国 28 ヶ国と発展途上国 81 ヶ国のデータを用いてパネル分析を行っている。その実証分析の結果は，防衛部門経済の産出高として防衛支出を代理変数として用いた場合には先進国も途上国もともに有意な正の外部効果を確認しているが，防衛部門経済産出高として防衛支出に通常兵器の純輸出を加えたものを用いた 1995〜1999 年のパネル分析の結果は先進国については有意ではない負の外部効果を示しているものの途上国については有意な正の外部効果を示している。

米国以外に関して防衛部門経済の外部効果を実証的に分析しているのが Ward et al.（1995），Heo（1997），安藤（1998a, 1998b, 2002）である。Ward et al.（1995）は上述した米国だけでなく日本についても 1880〜1990 年までの年次データを用いて三部門モデルを推定し，やはり防衛部門経済の外部効果がどのように変化してきたかを明らかにしている[1]。Heo（1997）は韓国の 1954〜1988 年までの年次データを用いて三部門モデルを推定しているが，外

---

[1] ただし Ward et al.（1995）ではデータが得られなかったとして日本については 1940 年から 1946 年までの推定から除外している。

部効果は正であるものの有意ではないことを明らかにしている。安藤（1998a）は 1971～1995 年の日本の年次データを用いて二部門モデルと三部門モデルを推定し，ともに防衛部門経済の外部効果を明らかにしている。また，安藤（1998b）は 1960～1995 年の日本の四半期データを用いて二部門モデルと三部門モデルを推定し，いずれのモデルであれ，また推定期間を 1980 年で分割しようがしまいが，日本には防衛部門経済の有意な負の外部効果が存在し，防衛支出拡大は日本の民生部門経済もしくは民間部門経済のマクロ経済成長に負の影響を及ぼすことを明らかしている。ただし安藤（2002）では 1980～1999 年の年次データを用い，米国との同盟からのスピル・インを考慮した三部門モデルを推定しているが，外部効果は存在しないとの結論に達している。

　本モデルをさらに発展させ，技術進歩を考慮した非線形モデルで実証分析を行っているのが Mueller and Atesoglu（1993）である。彼らは米国の 1984～1990 年の年次データを用いて二部門モデルを推定しているが，防衛部門経済から非防衛部門経済への外部効果は負であるが有意ではないことを明らかにしている。この非線形モデルを用いた研究として Heo（1998），Heo and Derouen（1998），そして Derouen（2000）がある。Heo（1998）は 80 ヶ国の 60 年代以降の冷戦期の年次データを用いて三部門モデルを推定し，18 ヶ国で有意な正の，4 ヶ国で有意な負の防衛部門経済から民間部門経済への外部効果を確認している。Heo and Derouen（1998）は東アジアの新興工業経済圏のうち韓国，台湾，インドネシア，マレーシア，そしてタイの 1961～1990 年のデータを用いてやはり三部門モデルを推定し，インドネシアのみ防衛部門経済から民間部門経済への有意な正の外部効果が存在すること，そして 5 ヶ国すべてについて防衛支出の増加と防衛支出の対 GDP 比が経済成長率に負の効果を及ぼすことを明らかにしている。さらに Derouen（2000）はイスラエルの 1953～1992 年の年次データを用い，同じく三部門モデルを推定しているが，外部効果は正ではあるが有意ではないことを明らかにしている。

　このように 1990 年代以降盛んに実証分析が行われてきた Feder-Ram モデルであるが，Huang and Mintz（1990, 1991），Heo（1997, 2010），安藤（1998a, 1998 b, 1999, 2002）や Dunne et al.（2005）が指摘しているように，同モデルに内在する問題点の 1 つとして多重共線性の発生を挙げることができる。

2. 先行研究

このうち多重共線性の発生を克服しようとしているものとしては上で述べたHuang and Mintz（1990, 1991）およびHeo（1997）と安藤（2015）が挙げられる。リッジ回帰で対処しているHuang and Mintz（1990, 1991）とHeo（1997）に対し，米国の年次データを用いて二部門モデルを推定した安藤（2015）は，説明変数のうち交差項に含まれる2つの変数を標準化することで多重共線性の発生を抑えることに成功し，その結果，防衛部門経済の外部効果は従来の手法で得られるそれよりも非防衛部門経済に与える影響が大きく異なる可能性があることを発見している。また，多重共線性の発生以外の問題点として防衛部門経済を当該国の防衛支出で見るか，当該国で作り出された防衛サービスの付加価値に加えて海外に輸出された防衛財までも考慮した生産面で見るかという問題もある。たとえば自国に小規模の防衛産業しか持たないがゆえに防衛を海外からの輸入に依存する途上国の場合，その防衛支出のかなりの部分が海外に流出することとなり，それだけ総需要創出効果は小さくなる。米国の場合，自国に防衛産業を持ち，しかも世界最大の通常兵器輸出国である。防衛部門経済の産出高に防衛支出を使用せず，通常兵器の純輸出を考慮して防衛部門産出高としているのは安藤（2015）だけである。

このようなFeder-Ramモデルの実証分析上の問題点をまとめて指摘しているのがDunne et al.（2005）である。彼らはFeder-Ramモデルの実証分析を行っている防衛経済学の先行研究を批判的に考察し，そもそも主流派の経済成長論では同モデルは扱われることがないこと，その問題点として多重共線性の発生が疑われること，二部門モデルであれ三部門モデルであれ被説明変数である経済成長率と説明変数の1つに含まれる防衛支出成長率との間に，そして三部門モデルにおいては民間投資と非防衛政府支出との間にそれぞれ同時性が想定されること，ラグを含む説明変数が用いられておらず防衛支出の動態的効果が無視されていることを挙げ，防衛支出がマクロ経済成長に与える影響を分析するに際して同モデルを使うべきではなく，使うのであれば拡張版SolowモデルもしくはBarroモデルであると結論づけている（Dunne et al. 2005, p.459）。

3. 定式化

ここでは Feder-Ram モデルの二部門モデルを簡潔に導出する[2]。一国の経済 Y を防衛部門経済 M と非防衛経済部門経済（民生部門経済）C の二部門に分け，それぞれの生産関数を

$$M = M(L_m, K_m) \quad (5.1)$$
$$C = C(L_c, K_c, M) \quad (5.2)$$

で表す。ここで L は労働，K は資本，添字の m と c はそれぞれ防衛部門と非防衛部門を表す。

両部門における労働と資本の限界生産力の比率が等しく以下のように表すことができるとする。

$$\frac{M_{L_m}}{C_{L_c}} = \frac{M_{K_m}}{C_{K_c}} = 1 + \delta_m \quad (5.3)$$

ここで

$$M_{Ld} = \frac{\partial M}{\partial L_m} \quad (5.4)$$

$$M_{K_m} = \frac{\partial M}{\partial K_m} \quad (5.5)$$

$$C_{L_c} = \frac{\partial C}{\partial L_c} \quad (5.6)$$

$$C_{K_c} = \frac{\partial C}{\partial K_c} \quad (5.7)$$

である。また，

$$C = C(L_c, K_c, M) \equiv M^{\theta_m} \cdot \Psi(L_c, K_c) \quad (5.8)$$

と書くことができるものとする。この θ_m が防衛部門経済から非防衛部門経済への外部効果と呼ばれる。このようにして導出されるのが以下の二部門モデル

---

[2] 詳細なモデルの導出は安藤（1998a, 1998b）を参照。

3. 定式化

である。

$$\frac{\Delta Y}{Y_{-1}} = 定数項 + \alpha \frac{I}{Y_{-1}} + \beta \frac{\Delta L}{L_{-1}} + \delta'_m \frac{\Delta M}{Y_{-1}} + \theta_m \left[\frac{\Delta M}{M_{-1}}\right]\left[\frac{C_{-1}}{Y_{-1}}\right] \quad (5.9)$$

ここで Y は実質 GDP，I は実質民間投資，L は労働投入量（＝年間雇用者数×雇用者1人当たり週平均労働時間），先行研究においては M と C はそれぞれ実質防衛支出と実質非防衛支出（実質民生支出）であり，添え字の -1 は1期のラグを，Δ は前年から今年にかけての変化額を示している。なお，上式では

$$\delta'_m = \frac{\delta_m}{1+\delta_m} \quad (5.10)$$

と書き改められている。Feder-Ram モデルは式の展開の仕方によってさまざまな推定式を導出することが可能であるが，ここでは先行研究で用いられてきた推定式の1つである (5.9) 式をまず従来型の方法により推定し，その後，多重共線性の発生を疑うに十分なほど VIF が高くなる第3変数と第4変数を構成する2つの分数を標準化した上であらためて (5.9) 式が推定される。ここで (5.9) 式を以下の (5.11) 式に書き換える。

$$\frac{\Delta Y}{Y_{-1}} = 定数項 + \alpha_1 \frac{I}{Y_{-1}} + \beta \frac{\Delta L}{L_{-1}} + \delta'_m \frac{\Delta M}{Y_{-1}} + \theta_m \left[\frac{\Delta M}{Y_{-1}}\right]\left[\frac{C_{-1}}{M_{-1}}\right] \quad (5.11)$$

(5.11) 式の第4項でそれぞれ標準化された $\Delta M/Y_{-1}$ と C_{-1}/M_{-1} の交差項を作成したのは連続変数である後者を 0.01 を1つの間隔とする離散変数に作り変え，平均値 0，標準偏差 1 となるよう標準化された C_{-1}/M_{-1} の各値に対応する δ'_m の推定係数，標準偏差，そして t 値を計算することができるからである。

定式化の過程で示されたように有意な δ'_m から防衛部門経済と非防衛部門経済の限界生産力の差が算出され，また，有意な θ_m は防衛部門経済から非防衛部門経済への外部効果を表す。さらに，被説明変数が実質経済成長率であることから δ'_m は，M の前年から今年にかけての変化額の前年の実質 GDP に対する比率が 1％ポイント変化したときに実質 GDP は何％ポイント成長するかをも表しているので，それは防衛支出拡大がそれぞれ経済成長にどのような影響を与えるかを意味する。

4. 実証分析

4.1 記述統計

4.1.1 日本

表 5.1 記述統計（日本）

期間	1981〜2009 年 （$n=29$）			
変数	最小値	最大値	平均値	標準偏差
$\Delta Y/Y_{-1}$	−0.049	0.082	0.022	0.034
I/Y_{-1}	0.171	0.278	0.229	0.026
L/L_{-1}	−0.030	0.023	−0.002	0.013
$\Delta M/Y_{-1}$	0.000	0.001	0.000	0.000
$(\Delta M/Y_{-1})_S$	−1.458	2.150	0.000	1.000
$(\Delta M/M_{-1})(C_{-1}/Y_{-1})$	−0.017	0.073	0.021	0.025
$(\Delta M/M_{-1})_S(C_{-1}/Y_{-1})_S$	−3.505	0.029	−0.807	0.909
$(\Delta M/Y_{-1})_S(C_{-1}/M_{-1})_S$	−2.865	0.384	−0.700	0.864

(注) 変数の添え字 S はそれを構成する各分数がが平均 0, 標準偏差 1 となるよう標準化されていることを表している。また −1 は 1 期前を表している。
(出所) 筆者作成。

日本の記述統計は表 5.1 に示されている。Y は実質 GDP（国内総生産），I は実質民間総固定資本形成，L は総労働投入量（＝労働者数×総労働時間），M は実質防衛関連費，C は実質民生支出（実質非防衛支出）であり，Δ は前期から今期にかけての変化額を，添え字の S は各分数が平均 0, 標準偏差 1 となるよう標準化されていることを，また −1 は 1 期前を表している。推定期間は 1981 年から 2009 年までであり，サンプル数は 29 である。データは内閣府『2009（平成21）年度 国民経済計算確報（2000 年基準・93SNA）』，総務省『労働力調査 長期時系列データ』(http://www.stat.go.jp/data/roudou/longtime/03roudou.htm) の「月別結果 就業者（全産業）」，厚生労働省『毎月勤労統計調査 全国調査』の「産業別労働時間指数（総実労働時間）」，財務省『財政統計』(http://www.mof.go.jp/budget/reference/statistics/data.htm) から得た。実質化に当たっては 2000 年連鎖価格指数を用いている。防衛支出の実質化に当たっては西川（1984）にしたがって政府最終消費支出デフレータ

を 0.75，公的総資本形成デフレータを 0.25 とする加重平均により算出した。この結果，防衛支出の実質値が異なるため実質 GDP も実質民間支出，実質政府部門非防衛支出と新たに算出された実質防衛支出を合計して算出されている。

4.1.2 米国

表 5.2 記述統計（米国）

期間	1981～2013 年（n=33）			
変数	最小値	最大値	平均値	標準偏差
$\Delta Y/Y_{-1}$	-0.028	0.073	0.027	0.020
I/Y_{-1}	0.126	0.197	0.162	0.020
L/L_{-1}	-0.068	0.061	0.013	0.025
$\Delta M/Y_{-1}$	-0.003	0.007	0.001	0.003
$(\Delta M/Y_{-1})_S$	-1.575	1.958	0.000	1.000
$(\Delta M/M_{-1})(C_{-1}/Y_{-1})$	-0.064	0.081	0.016	0.043
$(\Delta M/M_{-1})_S(C_{-1}/Y_{-1})_S$	-1.771	1.644	-0.029	0.897
$(\Delta M/Y_{-1})_S(C_{-1}/M_{-1})_S$	-2.181	1.639	-0.110	0.935

（注）変数の添え字 S はそれを構成する各分数がが平均 0, 標準偏差 1 となるよう標準化されていることを表している。また -1 は 1 期前を表している。
（出所）筆者作成。

米国の記述統計は表 5.2 に示されている。Y は実質 GDP（国内総生産），I は実質民間総投資，L は総労働投入量（＝労働者数×総労働時間），M は実質防衛支出，C は実質民生支出（実質非防衛支出）であり，日本の場合と同様に Δ は前期から今期にかけての変化額を，添え字の S は各分数が平均 0, 標準偏差 1 となるよう標準化されていることを，また -1 は 1 期前を表している。推定期間は 1981 年から 2013 年までであり，サンプル数は 33 である。推定期間中の被説明変数と説明変数の記述統計は表 1 に示されている通りである。使用したデータは米国商務省経済統計局（BEA）のウェブサイト（http://www.bea.gov/），同国労働省労働統計局（BLS）のウェブサイト（http://www.bls.gov/）から取得した。

4.2 単位根検定
4.2.1 日本

表 5.3 ADF 検定の結果（日本）

期間	1981 年－2009 年 （$n=29$）		
変数	定数項なし トレンドなし	定数項あり トレンドなし	定数項あり トレンドあり
$\Delta Y/Y_{-1}$	$I(0)$ *	$I(1)$ **	$I(1)$ *
I/Y_{-1}	$I(0)$ †	$I(1)$ *	$I(2)$ *
L/L_{-1}	$I(0)$ †	$I(1)$ *	$I(1)$ *
$\Delta M/Y_{-1}$	$I(0)$ *	$I(1)$ **	$I(0)$ †
$(\Delta M/Y_{-1})_S$	$I(0)$ *	$I(1)$ **	$I(0)$ †
$(\Delta M/M_{-1})(C_{-1}/Y_{-1})$	$I(0)$ *	$I(1)$ **	$I(0)$ †
$(\Delta M/M_{-1})_S(C_{-1}/Y_{-1})_S$	$I(0)$ **	$I(0)$ †	$I(0)$ †
$(\Delta M/Y_{-1})_S(C_{-1}/M_{-1})_S$	$I(0)$ **	$I(0)$ *	$I(0)$ †

（注1）表中のカッコ内の数字は階差の次数を，**，*および†は単位根ありとの帰無仮説をそれぞれ1％，5％および10％で棄却できることを表している。

（注2）変数の添え字Sはそれを構成する各分数がが平均0，標準偏差1となるよう標準化されていることを表している。また－1は1期前を表している。

　日本の被説明変数およびすべての説明変数に関する拡張版 Dickey-Fuller 検定（ADF 検定）の結果は表 5.3 に示されている。ADF 検定では定数項・トレンドともになし，定数項あり・トレンドなし，そして定数項・トレンドともにありの3種類の検定が行われている。2つの標準化された分数の交差項（$\Delta M/M_{-1}$）$_S$（C_{-1}/Y_{-1}）$_S$ と（$\Delta M/Y_{-1}$）$_S$（C_{-1}/M_{-1}）$_S$ を除くすべての変数が3種類の ADF 検定のいずれかにおいて単位根ありとの帰無仮説が1次もしくは2次で有意に棄却されている。このため推定式の被説明変数と説明変数との間に共和分関係が存在し，見せかけの回帰となる可能性がある。

4.2.2 米国

表 5.4 ADF 検定の結果（米国）

期間	1981 年－2013 年 ($n=33$)		
変数	定数項なし トレンドなし	定数項あり トレンドなし	定数項あり トレンドあり
$\Delta Y/Y_{-1}$	$I(0)$ *	$I(0)$ **	$I(0)$ *
I/Y_{-1}	$I(1)$ **	$I(0)$ *	$I(0)$ †
L/L_{-1}	$I(0)$ **	$I(0)$ **	$I(0)$ †
$\Delta M/Y_{-1}$	$I(0)$ †	$I(1)$ ***	$I(1)$ **
$(\Delta M/Y_{-1})_S$	$I(0)$ †	$I(1)$ **	$I(1)$ **
$(\Delta M/M_{-1})(C_{-1}/Y_{-1})$	$I(1)$ **	$I(1)$ **	$I(1)$ **
$(\Delta M/M_{-1})_S(C_{-1}/Y_{-1})_S$	$I(0)$ *	$I(1)$ ***	$I(1)$ **
$(\Delta M/Y_{-1})_S(C_{-1}/M_{-1})_S$	$I(0)$ *	$I(1)$ ***	$I(1)$ **

(注1) 表中のカッコ内の数字は階差の次数を，***，**，*および†はそれぞれ単位根ありとの帰無仮説を 0.1%，1%，5% および 10% で棄却できることを表している。

(注2) 変数の添え字 S はそれを構成する各分数が平均 0，標準偏差 1 となるよう標準化されていることを表している。また -1 は 1 期前を表している。

　米国の被説明変数およびすべての説明変数に関する ADF 検定の結果は表 5.4 に示されている。日本と同様に ADF 検定では定数項・トレンドともになし，定数項あり・トレンドなし，そして定数項・トレンドともにありの 3 種類の検定が行われている。被説明変数の $\Delta Y/Y_{-1}$ と説明変数のうち I/Y_{-1} をのぞくすべての変数について 3 種類の ADF 検定のいずれかにおいて単位根ありとの帰無仮説が 1 次で有意に棄却されている。このため米国に関しても推定式の被説明変数と説明変数との間に共和分関係が存在し，見せかけの回帰となる可能性がある。

4.3 従来の手法による推定結果
4.3.1 日本

表 5.5 日本の推定結果 (1)

推定式番号		(5.1)	
変数	推定係数	t 値	VIF
定数項	-0.162	-7.898 ***	
I/Y_{-1}	0.788	8.711 ***	2.713
L/L_{-1}	0.675	3.550 **	2.077
$\Delta M/Y_{-1}$	187.647	1.112	369.321
$(\Delta M/M_{-1})(C_{-1}/Y_{-1})$	-1.398	-0.948	375.323
δ_m		-0.005	
adj. R^2		0.925	
SE		0.009	
DW		1.677	
BG_{LM}		0.742	
JB		0.301	
BP_{Hetero}		7.415	
W_{Hetero}		22.629 †	
F		87.288 ***	

(注) 表中の***および**はそれぞれ0.1%および1%で有意であることを表している。

　表5.5には日本の年次データを用いた従来の手法にしたがった (5.9) 式の単純最小二乗法 (OLS) による推定結果が示されている。ここで adj. R^2 は自由度修正済み決定係数, SE は標準誤差, DW は Durbin-Watson 検定統計量, BG_{LM} は次数を2とする誤差項の系列相関を検定する Breusch-Godfrey のラグランジュ乗数 (LM) 検定統計量, JB は誤差項の正規分布を検定する Jarque-Bera 検定統計量, BP_{Hetero} と W_{Hetero} はそれぞれ誤差項の均一分散を検定する Breusch-Pagan 検定統計量と White 検定統計量, F は F 検定統計量である。Durbin-Watson 検定統計量から誤差項に1次の系列相関がないとの帰無仮説を1%水準では棄却できない。Breusch-Godfrey の LM 検定の結果により誤差項に2次の系列相関なしとの帰無仮説を0.1%水準で有意に棄却することもできない。Jarque-Bera 検定統計量は誤差項の分散が正規分布であるとの帰無仮説を棄却していない。よって誤差項の分散均一に関する帰無仮説が棄却されるかどうかについては Breusch-Pagan 検定統計量をみる。同検定統

計量は誤差項の分散は均一であるとの帰無仮説を棄却していない。第1変数と第2変数が符号条件を満たしながらそれぞれ0.1％水準と1％水準で有意である。第3変数の符号は正であるが有意ではなく，またその推定係数は187.65と受容できるレベルをはるかに超えている。第4変数の推定係数は本章での関心の対象である防衛部門経済から民生部門経済への外部効果を表す。それは－1.40と負の外部効果を示しているが有意ではなく，外部効果はないということになる。ただし第3変数と第4変数のVIFが300を超えており多重共線性の発生が疑われる。δ_m は-0.005と算出されているがδ'_m，つまり第3変数の推定係数が0とは有意に異ならないのでδ_m についても0と考えることができる。自由度修正済み決定係数は0.9を超えており本モデルの説明力が高いことを示している。またF検定統計量は0.1％水準ですべての説明変数の係数は0であるとの帰無仮説を有意に棄却している。

4.3.2 米国

表 5.6　米国の推定結果（1）

推定式番号		(5.2)	
変数	推定係数	t 値	VIF
定数項	0.008	0.159	
I/Y_{-1}	0.050	0.723	1.742
L/L_{-1}	0.768	9.283 ***	2.487
$\Delta M/Y_{-1}$	-2.005	2.149 *	28.886
$(\Delta M/M_{-1})(C_{-1}/Y_{-1})$	0.244	1.175	32.631
δ_m		0.333	
adj. R^2		0.754	
SE		0.010	
DW		1.338	
$BG_{LM}(1)$		4.051 *	
$BG_{LM}(2)$		4.109	
JB		0.475	
BP_{Hetero}		1.301	
W_{Hetero}		14.913	
F		25.515 ***	

（注）表中の***は推定係数が0.1％で有意であることを表している。

表 5.6 には米国の年次データを用いた従来の手法にしたがった (5.9) 式の OLS による推定結果が示されている。BG_{LM} のカッコ内の数字は Breusch-Godfrey のラグランジュ乗数 (LM) 検定の次数を表す。あえて 1 次でも検定を行なっているのは Durbin-Watson 検定統計量から誤差項に 1 次の系列相関がないとの帰無仮説を 1% 水準でも 5% 水準でも棄却できるかどうかの判断ができないからである。Breusch-Godfrey の LM 検定の結果は誤差項に 2 次の系列相関なしとの帰無仮説を棄却することができないが 1 次の系列相関がないとの帰無仮説は 5% 水準で棄却されている。Jarque-Bera 検定統計量は誤差項の分散が正規分布であるとの帰無仮説を棄却していない。よって誤差項の分散均一に関する帰無仮説が棄却されるかどうかについては Breusch-Pagan 検定統計量をみると同検定統計量は誤差項の分散は均一であるとの帰無仮説を棄却していない。以上を受けて推定式番号 (5.2) では OLS により得られた係数の推定量を用いた Newey-West の一致性のある推定が行われている。第 1 変数は符号条件を満たしているが有意ではない。第 2 変数は符号条件を満たして 0.1% 水準で有意である。第 3 変数の推定係数は -2.01 でしかも 5% 水準で有意であり、防衛支出拡大が経済成長に負の影響を及ぼすことを表している。第 4 変数の推定係数は 0.24 と正の外部効果を示しているが有意ではない。δ_m は 0.33 と算出されており、防衛部門経済の限界生産力が民生部門経済のそれを 0.33 だけ上回っていることを示している。ただし第 3 変数と第 4 変数の VIF はそれぞれ 28.89 と 32.63 と多重共線性が発生しているかどうかの 1 つの目安である 10 を大きく超えている。自由度修正済み決定係数は 0.7 を超え、本モデルの説明力が高いことを示している。F 検定統計量は 0.1% 水準ですべての説明変数の係数は 0 であるとの帰無仮説を有意に棄却している。

4.4 推定上の第 1 の改善
4.4.1 日本

表 5.7　日本の推定結果（2）

推定式番号		(5.3)	
変数	推定係数	t 値	VIF
定数項	−0.147	−5.598 ***	
I/Y_{-1}	0.745	6.791 ***	2.624
L/L_{-1}	0.735	3.936 ***	1.902
$(\varDelta M/Y_{-1})_S$	0.007	2.181 *	3.502
$(\varDelta M/M_{-1})_S(C_{-1}/Y_{-1})_S$	−0.000	−0.016	1.977
δ_m		1.007	
adj. R^2		0.922	
SE		0.009	
DW		1.526	
BG_{LM}		1.617	
JB		0.877	
BP_{Hetero}		5.080	
W_{Hetero}		15.697	
F		83.369 ***	

（注 1）第 4 変数の添え字 S はそれを構成する各分数が平均 0，標準偏差 1 となるよう標準化されていることを表している。

（注 2）表中の***および*はそれぞれ 0.1％および 5％で有意であることを表している。

　従来の手法の問題点の 1 つである多重共線性の発生に対応するべく第 3 変数と第 4 変数を平均 0，標準偏差 1 となるよう標準化して（5.9）式を推定することとした。日本の年次データを用いたその OLS による推定結果は表 5.7 に示されている。Durbin-Watson 検定統計量から誤差項に 1 次の系列相関がないとの帰無仮説を 1％水準では棄却できない。Breusch-Godfrey の LM 検定統計量も誤差項に 2 次の系列相関なしとの帰無仮説を 0.1％水準で有意に棄却していない。Jarque-Bera 検定統計量は誤差項の分散が正規分布であるとの帰無仮説を棄却していない。よって誤差項の分散均一に関する帰無仮説が棄却されるかどうかについては Breusch-Pagan 検定統計量をみる。同検定統計量は誤差項の分散は均一であるとの帰無仮説を棄却していない。すべての説明変数のVIF は 10 を下回っており，多重共線性は発生していないものと考えることが

できる。第1変数および第2変数はともに符号条件を満たして0.1％水準で有意である。第3変数の推定係数はやはり正であるが0.01と表5.5に比べてきわめて小さくなり、しかも5％水準で有意である。したがって防衛支出の拡大は経済成長に正の影響を及ぼすことになる。第4変数の推定係数も−0.00とほぼ0になっている。ただし有意ではなく防衛部門経済から民生部門経済への外部効果はないことになる。推定結果の第3変数の推定係数から算出された δ_m は1.007と1を超える大きな値になっている。自由度修正済み決定係数はここでも0.9を超えて本モデルの説明力の高さを示しておりF検定統計量は0.1％水準ですべての説明変数の係数は0であるとの帰無仮説を有意に棄却している。

4.4.2 米国

表 5.8 米国の推定結果 (2)

推定式番号		(5.4)	
変数	推定係数	t 値	VIF
定数項	0.004	0.201	
I/Y_{-1}	0.086	0.667	1.259
L/L_{-1}	0.760	9.449 ***	1.827
$(\Delta M/Y_{-1})_S$	0.005	2.364 *	1.390
$(\Delta M/M_{-1})_S(C_{-1}/Y_{-1})_S$	0.003	1.294	1.530
δ_m		1.005	
adj. R^2		0.762	
SE		0.010	
DW		1.360	
$BG_{LM}(1)$		3.932 *	
$BG_{LM}(2)$		4.001	
JB		0.424	
BP_{Hetero}		0.696	
W_{Hetero}		10.538	
F		25.656 ***	

(注1) 第4変数の添え字 S はそれを構成する各分数が平均0, 標準偏差1となるよう標準化されていることを表している。

(注2) 表中の***および*はそれぞれ0.1％および5％で有意であることを表している。

米国についても第3変数と第4変数を平均0, 標準偏差1となるよう標準化

して（5.9）式を推定した。米国の年次データを用いたその OLS による推定結果は表 5.8 に示されている。Durbin-Watson 検定統計量から誤差項に 1 次の系列相関がないとの帰無仮説を 1％水準でも 5％水準でも棄却できるかどうかの判断ができないが Breusch-Godfrey の LM 検定統計量は誤差項に 1 次の系列相関はないとの帰無仮説を 5％水準で棄却している。また同統計量は 2 次の系列相関なしとの帰無仮説を棄却していない。Jarque-Bera 検定統計量は誤差項の分散が正規分布であるとの帰無仮説を棄却していない。よって誤差項の分散均一に関する帰無仮説が棄却されるかどうかについては Breusch-Pagan 検定統計量をみると同検定統計量は誤差項の分散は均一であるとの帰無仮説を棄却していない。以上を受けて推定式番号（5.4）では Newey-West の一致性のある推定が行われている。すべての説明変数の VIF は 10 を下回っており，多重共線性は発生していないものと考えることができる。第 1 変数は符号条件を満たしているが有意ではない。第 2 変数は符号条件を満たして 0.1％水準で有意である。表 5.6 と同様に第 3 変数の推定係数は 5％水準で有意であるがその符号は正に変わり 0.01 となっている。よって防衛支出拡大が経済成長に正の影響を及ぼすこととなる。第 4 変数の推定係数は表 5.6 と同じく正ではあるが 0.00 とほぼ 0 である。しかも有意ではない。δ_m は 1.005 と 1 を超える大きな値として算出されている。自由度修正済み決定係数は 0.7 を超え，本モデルの説明力が高いことを示している。F 検定統計量は 0.1％水準ですべての説明変数の係数は 0 であるとの帰無仮説を有意に棄却している。

4.5 推定上の第2の改善
4.5.1 日本

表 5.9　日本の推定結果 (3)

推定式番号		(5.5)	
変数	推定係数	t 値	VIF
定数項	-0.142	-5.589 ***	
I/Y_{-1}	0.728	6.820 ***	2.513
L/L_{-1}	0.731	3.952 ***	1.887
$(\Delta M/Y_{-1})_S$	0.009	2.474 *	3.877
$(\Delta M/Y_{-1})_S(C_{-1}/M_{-1})_S$	0.002	0.547	2.162
δ_m		1.009	
adj. R^2		0.923	
SE		0.009	
DW		1.491	
BG_{LM}		2.308	
JB		1.534	
BP_{Hetero}		6.065	
W_{Hetero}		17.849	
F		84.481 ***	

(注1) 第4変数の添え字 S はそれを構成する各分数がが平均0, 標準偏差1となるよう標準化されていることを表している。

(注2) 表中の***および*はそれぞれ0.1％および5％で有意であることを表している。

　ここで従来用いられてきた (5.9) 式に第2の改善を加える。まず (5.9) 式の第4変数が書き換えられ, やはり第3変数と第4変数の交差項に含まれる2つの分数が平均0, 標準偏差1となるよう標準化された上で推定されている。その理由は後述することとする。表5.9には日本の年次データを用いたOLSによるその推定結果が示されている。Durbin-Watson 検定統計量から誤差項に1次の系列相関がないとの帰無仮説を1％水準でも5％水準でも棄却できるかどうか判断できない。Breusch-Godfrey の LM 検定統計量は誤差項に1次の系列相関はないとの帰無仮説も, そして誤差項に2次の系列相関はないとの帰無仮説を棄却していない。Jarque-Bera 検定統計量は誤差項の分散が正規分布であるとの帰無仮説を棄却していない。よって誤差項の分散均一に関する帰無仮説が棄却されるかどうかについては Breusch-Pagan 検定統計量をみる。

同検定統計量は誤差項の分散は均一であるとの帰無仮説を棄却していない。すべての説明変数のVIFは10を下回っており，多重共線性は発生していないものと考えることができる。第1変数および第2変数はともに符号条件を満たして0.1％水準で有意である。第3変数は5％水準で有意でありその推定係数は0.01と正である。ただしこの推定係数 δ'_m は単純傾斜（simple slope）としてその t 値とともに別途計算されることとなる。第4変数の推定係数は0.00とほぼ0でありしかも有意ではなく，防衛部門経済から民生部門経済への外部効果はないことになる。自由度修正済み決定係数はここでも0.9を超えて本モデルの説明力の高さを示しておりF検定統計量は0.1％水準ですべての説明変数の係数は0であるとの帰無仮説を有意に棄却している。

さて，ここで連続変数である標準化された $\Delta M/Y_{-1}$ を0.01を間隔とする離散変数として作り替える。これにより0.01を間隔とする標準化された $\Delta M/Y_{-1}$ の各値に対する δ'_m，その標準偏差とそれらから計算される各 δ'_m の t 値を求めることができる。今，推定式を

$$Y = b_0 + b_1 X + b_2 XZ + \varepsilon \quad (5.12)$$

としよう。この（5.12）式は

$$Y = b_0 + (b_1 + b_2 Z)X + \varepsilon \quad (5.13)$$

と書き換えられる。（5.13）式中の Z は調整係数（moderator），カッコ内に示されている X の係数 $b_1 + b_2 Z$ は単純傾斜と呼ばれる。この単純傾斜の標準誤差 s は

$$s = \sqrt{s_{11} + 2Z s_{12} + Z^2 s_{22}} \quad (5.14)$$

により求められる。ここで，s_{11} は X の係数 b_1 の分散 $Var(b_1)$，つまり b_1 の標準誤差の2乗，s_{12} は交差項 XZ の係数 b_2 の分散 $Var(b_2)$，つまり b_2 の標準誤差の2乗，そして s_{22} は両者の共分散 $Cov(b_1, b_2)$ である（Ai and Edward 2003, Norton *et al.* 2004, Brambor *et al.* 2006）。Z が連続変数の場合，単純傾斜の値は無限に存在する。通常，このような場合では単純傾斜分析では Z の平均値，その平均値±1標準偏差の3つをその例として用い，単純傾斜の値を推定して統計学的な有意性が検証される。本章ではより詳細にそれらを実証的に分析することを目的として，あえて（5.11）式でそれぞれ Z に相当する標準化された C_{-1}/M_{-1} を0.01を間隔とする離散変数に作り変え，それらの範囲

を推定期間中における最小値以上，最大値以下に制限することで同変数を有限個数にしている。したがって，離散変数の間隔をより小さくすればするほどより詳細な単純傾斜の実証分析が可能となる。

(5.11) 式では X に相当するのが標準化された $\Delta M/Y_{-1}$，Z に相当するのが標準化され離散変数に作り変えられた C_{-1}/M_{-1} である。標準化された C_{-1}/M_{-1} の推定期間中の最小値と最大値はそれぞれ -1.73 と 1.35 で，これらは1期前の防衛支出の対GDP比 M_{-1}/Y_{-1} が 0.76% 以上 0.92% 以下であったことを意味する。図5.1には δ'_m とその t 値のグラフが示されている。δ'_m が 10% 以上で有意となるのは1期前の防衛支出の対GDP比 M_{-1}/Y_{-1} が 0.78% 以上 0.90% 以下のときに限られ，M_{-1}/Y_{-1} の上昇とともに δ'_m は 0.010 から 0.006 まで低下

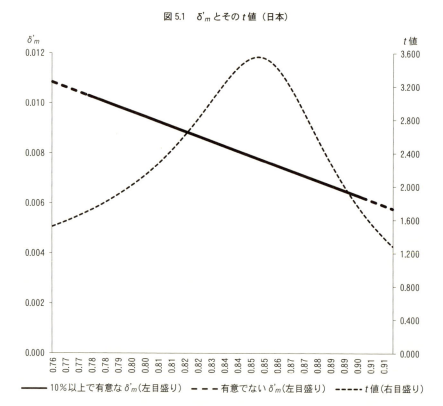

図5.1　δ'_m とその t 値（日本）

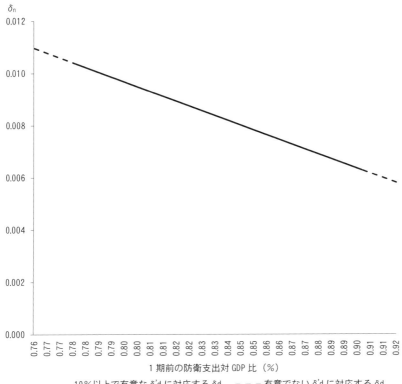

図 5.2 δ'_m (日本)

する。つまりこのことは，防衛支出の対 GDP 比が 0.78％以上 0.90％以下の範囲を越えれば日本政府は防衛支出を拡大させても経済成長を押し上げることはできなかったことを意味し，同比率に関係なく防衛支出拡大は経済成長率を押し上げるとする推定式番号 (5.5) から得られる政策的インプリケーションとは異なる。さらに δ'_m から算出された δ_m が図 5.2 に示されている。1 期前における防衛支出の対 GDP 比が上記範囲のとき δ_m は 0.006 以上 0.010 以下の範囲をとる。つまり，同比率が 0.78％以上 0.90％以下のときのみ防衛部門経済の限界生産力が算出された δ_m の値だけ民生部門経済のそれを上回っていたのである。

4.5.2 米国

表 5.10 米国の推定結果 (3)

推定式番号		(5.6)	
変数	推定係数	t 値	VIF
定数項	0.003	0.159	
I/Y_{-1}	0.093	0.723	1.239
L/L_{-1}	0.754	9.283 ***	1.813
$(\Delta M/Y_{-1})_S$	0.006	2.149 *	1.917
$(\Delta M/Y_{-1})_S (C_{-1}/M_{-1})_S$	0.003	1.175	1.911
δ_m		1.006	
adj. R^2		0.760	
SE		0.010	
DW		1.347	
$BG_{LM}(1)$		4.051 *	
$BG_{LM}(2)$		4.115	
JB		0.441	
BP_{Hetero}		0.773	
W_{Hetero}		10.739	
F		25.515 ***	

(注) 表中の***および*は推定係数がそれぞれ0.1％および5％で有意であることを表している。

　米国についてもまず日本と同様の手法で (5.11) 式を推定した。表5.10には米国の年次データを用いたOLSによるその推定結果が示されている。Durbin-Watson検定統計量から誤差項に1次の系列相関がないとの帰無仮説を1％水準でも5％水準でも棄却できるかどうか判断できないため次数2だけでなく次数1でもBreusch-GodfreyのLM検定を行なった。同統計量は誤差項に2次の系列相関はないとの帰無仮説を棄却していないが誤差項に1次の系列相関はないとの帰無仮説を5％水準で棄却している。Jarque-Bera検定統計量は誤差項の分散が正規分布であるとの帰無仮説を棄却していない。よって誤差項の分散均一に関する帰無仮説が棄却されるかどうかについてはBreusch-Pagan検定統計量をみる。同検定統計量は誤差項の分散は均一であるとの帰無仮説を棄却していない。すべての説明変数のVIFは10を下回っており，多重共線性は発生していないものと考えることができる。第1変数および第2変数はともに符号条件を満たしているが後者が0.1％水準で有意であるのに対して

前者は有意ではない。第3変数は5％水準で有意であるがこの推定係数 δ'_m は単純傾斜としてその t 値とともに別途計算される。第4変数の推定係数は0.03と正の符号を示しているが有意ではなく，防衛部門経済から民生部門経済への外部効果はないことになる。自由度修正済み決定係数はここでも0.7を超えて本モデルの説明力の高さを示しており F 検定統計量は0.1％水準ですべての説明変数の係数は0であるとの帰無仮説を有意に棄却している。

ここでも日本と同様の手法を用いて δ'_m とその t 値，そして δ_m を計算した。標準化された C_{-1}/M_{-1} の推定期間中の最小値と最大値はそれぞれ -1.58 と 1.96 で，これらは1期前の防衛支出の対GDP比 M_{-1}/Y_{-1} が3.91％以上8.65％以下であったことを意味する。図5.3には δ'_m とその t 値のグラフが示されている。δ'_m が10％以上で有意となるのは1期前の防衛支出の対GDP比 M_{-1}/Y_{-1} が

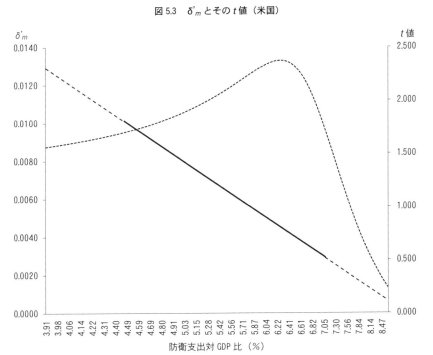

図5.3　δ'_m とその t 値（米国）

図 5.4　δ_m（米国）

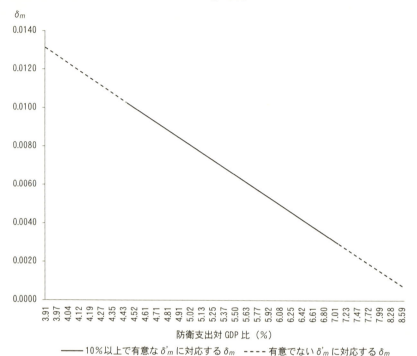

防衛支出対 GDP 比（%）

―― 10％以上で有意な δ'_m に対応する δ_m　---- 有意でない δ'_m に対応する δ_m

3.91％以上 8.65％以下のときに限られ，M_{-1}/Y_{-1} の上昇とともに δ'_m は 0.013 から 0.000 まで低下する。つまりこのことは，防衛支出の対 GDP 比が 3.91％以上 8.65％以下の範囲を越えれば米国政府は防衛支出を拡大させても経済成長を押し上げることはできなかったことを意味する。さらに δ'_m から算出された δ_m が図 5.4 に示されている。1 期前における防衛支出の対 GDP 比が上記範囲のとき δ_m は 0.000 以上 0.013 以下の範囲をとる。つまり，同比率が 3.91％以上 8.65％以下のときのみ防衛部門経済の限界生産力が算出された δ_m の値だけ民生部門経済のそれを上回っていたのである。

5. 結論

　本章では日米の 1980 年以降のマクロ経済データを用い，Feder-Ram モデルの二部門モデルを推定して防衛部門経済の外部効果と防衛支出拡大の経済成長率への影響を実証的に分析した．その際，先行研究でしばしば本モデル推定上の問題の1つとして指摘されてきた多重共線性発生を抑制するために，リッジ回帰ではなく，説明変数のうち多重共線性が発生していると考えられる $\Delta M/Y_{-1}$ と交差項 $(\Delta M/M_{-1})(C_{-1}/Y_{-1})$ を構成する2つの変数を標準化することで対応した．その結果，この標準化により多重共線性の発生が容易に抑制できることが明らかになった．また，それにより推定係数や t 値が変化する可能性があることも明らかにされた．さらに本章では本モデルの実証分析に新しい試みを導入した．具体的には，説明変数の1つである上記交差項を $(\Delta M/Y_{-1})(C_{-1}/M_{-1})$ に書き換えて2つの変数 $\Delta M/Y_{-1}$ と C_{-1}/Y_{-1} を標準化してから推定し，後者を離散変数に作り変えて $\Delta M/Y_{-1}$ の係数としての単純傾斜とその t 値を計算してそれらが1期前の防衛支出の対 GDP 比 M_{-1}/Y_{-1} の推移と共にどのように変化するかを分析した．その結果，日米ともに従来の方法に変数の標準化だけで多重共線性発生の抑制に対応した場合では防衛支出拡大は1期前の防衛支出の対 GDP 比 M_{-1}/Y_{-1} に関係なく経済成長率を押し上げるという政策的インプリケーションが導かれたが，これに対して同比率が日本の場合には 0.76％以上 0.92％以下，米国の場合には 3.91％以上 8.65％以下の範囲をとるときに限り防衛支出拡大が経済成長率を押し上げるというこれまでにない政策的インプリケーションが導出された．ただし両国ともに上の範囲にあるときでも1期前の防衛負担 M_{-1}/Y_{-1} が軽いほど同じ $\Delta M/Y_{-1}$ の拡大がもたらす経済成長率引上げ効果はより大きいという点には注意が必要である．最後に，いずれの推定方法にせよ，日米ともに防衛部門経済から非防衛部門経済への外部効果は存在しないことが明らかにされた．これらはすべて，二部門モデルであれ三部門モデルであれ，各国の時系列データやパネルデータを用いた Feder-Ram モデルの推定に利用可能であり，またその価値があるといえる．

防衛支出を経済政策の手段として見るかどうかに関しては見解が分かれるであろうが，それが政府支出の一部であり，少なくとも，程度の大小は別にして，総需要創出効果を生むことは疑いの余地はない。その意味では年次データだけでなく，四半期データを用い，期間を分割するなどしてより詳細に分析することが求められる。また日米ともに変数の単位根検定から共和分関係が疑われ，もしそうであるとすれば本章で得られた推定結果は見せかけの回帰である可能性がある。したがって共和分分析を行なう必要がある。これらは第6章および第7章で解決される。

第6章
米国における防衛部門経済の外部効果
―四半期データを用いた冷戦期とポスト冷戦期の比較研究―

1. 序論

　本章の目的は1980年以降の米国の四半期データを用い，推定期間を冷戦期とポスト冷戦期に分割してFeder-Ramモデルの三部門モデルを推定し，防衛部門経済の外部効果と防衛支出拡大の経済成長への影響に変化があったのかを経済政策論的に考察することである。

　防衛経済学の先行研究においてFeder-Ramモデルは多くの研究者によって時系列分析やパネル分析で用いられてきたが，その一方で同モデルの問題点が指摘されてきた。具体的には推定式に相関関係がかなり強いと考えられる説明変数が組み込まれているため多重共線性の発生が疑われること，二部門モデルであれ三部門モデルであれ被説明変数である経済成長率と説明変数の1つに含まれる防衛支出増加率との間に，そして三部門モデルにおいては民間投資と政府非防衛支出との間にそれぞれ同時性が想定されること，ラグを含む説明変数が用いられておらず防衛支出の動態的効果が無視されていることが挙げられる(Dunne et al. 2005)。第5章では二部門モデルを推定するに際して推定式に含まれる交差項を書き直すことと交差項に含まれる2つの変数を標準化することにより多重共線性の発生を抑えることに成功している。本章では三部門モデルを推定するが，その際に被説明変数と説明変数の単位根検定を経て共和分検定を行って誤差修正モデル（ECM）をも推定し，第5章と同様の手法で多重共線性の発生という第1の問題に対処したうえで交差項に含まれる一方の変数を離散変数として扱うことでその離散変数の各値に対応する防衛部門経済と非防衛部門経済との間の生産要素の限界生産力の差とそのt値を別途推定および算

出する。これにより防衛部門経済から非防衛部門経済への外部効果と防衛支出拡大が経済成長に有意な影響を与える1期前の防衛支出の対 GDP 比の範囲を求めることが可能になり，これまでにない新しい政策的インプリケーションを導くことが可能になる。ただし，防衛支出のマクロ経済成長に対する動態的効果を考慮することはモデルの定式化過程から不可能である。

　本章の構成は以下の通りである。次節では外部効果に関する先行研究を要約する。第3節では推定式に含まれる被説明変数と説明変数，および説明変数の一部に含まれる交差項を構成する2つの変数に関する記述統計が示され，拡張版 Dickey-Fuller 検定（ADF 検定）により単位根検定を行い，まず先行研究において用いられてきた従来の手法により三部門モデルを推定し，最後に多重共線性発生の抑制を目的とした分析上の改善を加えたうえであらためて三部門モデルが推定される。そして最後に結論では実証分析の結果から政策的インプリケーションを導出する。

2. 先行研究[1]

　Feder-Ram モデルの推定における多重共線性発生の可能性について言及しているのは安藤（1998a, 1998b, 1999, 2015），Ando（2000），Heo（1997, 2010），Huang and Mintz（1991）である。Huang and Mintz（1991）は1952～1988年までの米国のデータを用いて広義の Feder-Ram モデルを推定しているが，リッジ回帰を用いて多重共線性発生の抑制を試みており，前期の GDP に対する防衛支出の前期から今期への拡大はマクロ経済成長に正の影響を及ぼすものの有意ではないことを明らかにしている[2]。Heo（1997）は韓国の1954～1988年までの年次データを用いて一般化最小二乗法（GLS）とリッジ回帰で Feder-Ram 型三部門モデルを推定しているが，リッジ回帰の分析結果は防衛

---

[1] 本節では Feder-Ram モデルの推定における多重共線性の発生に言及している先行研究のみ記載されている。これら以外の先行研究については第5章を参照のこと。
[2] リッジ回帰による多重共線性発生を抑制する試みは Huang and Mintz（1990）によっても行なわれているが，純粋な Feder-Ram モデルではないので先行研究から除いた。

部門経済から民間部門経済への外部効果は正であるものの有意ではないことを明らかにしている。安藤 (1998a) は 1971〜1995 年までの日本の年次データを用いて二部門モデルと三部門モデルを推定し，両モデルで防衛部門経済の有意な負の外部効果を明らかにしているが，同時に各説明変数の分散増幅因子 (VIF) を示して多重共線性発生の可能性に言及している。また，安藤 (1998b) は日本の 1960 年第 1 四半期〜1995 年第 4 四半期の四半期データを用いてやはり両モデルを推定し，有意な負の外部効果を確認し，VIF こそ示していないもののやはり多重共線性発生の可能性を指摘している。安藤 (1999) と Ando (2000) はともに米国の 1960〜1998 年の年次データと 1980 年第 1 四半期〜1999 年第 3 四半期の四半期データを用いて二部門モデルを推定し，クリントン政権下における負の外部効果を明らかにしつつも，特に後者では一部説明変数間の相関係数の高さから多重共線性発生の可能性を指摘している。

このような Feder-Ram モデルの実証分析上の問題点をまとめて指摘しているのが Dunne et al. (2005) である。彼らは Feder-Ram モデルの実証分析を行っている防衛経済学の先行研究を批判的に考察し，そもそも主流派の経済成長論では同モデルは扱われることがないこと，その問題点として多重共線性の発生が疑われること，二部門モデルであれ三部門モデルであれ被説明変数である経済成長率と説明変数の 1 つに含まれる防衛支出増加率との間に，そして三部門モデルにおいては民間投資と政府非防衛支出との間にそれぞれ同時性が想定されること，ラグを含む説明変数が用いられておらず防衛支出の動態的効果が無視されていることを挙げ，防衛支出がマクロ経済成長に与える影響を分析するに際して同モデルを使うべきではなく，使うのであれば拡張版 Solow モデルもしくは Barro モデルであると結論づけている。このような指摘を受けて Heo (2010) は米国の 1954〜2005 年の年次データを用いて Feder-Ram モデルと拡張版 Solow モデルを推定し，両モデルともに多重共線性発生の可能性があることなど問題点を持っていることを指摘し，それら実証分析の結果から防衛支出は米国のマクロ経済に有意な影響を及ぼさないことを明らかにしている。

リッジ回帰以外の方法で多重共線性の発生に対処しているのが本書第 5 章である。同章では米国の 1981〜2013 年の年次データと日本の 1981〜2009 年の年

次データを用いて Feder-Ram モデルを推定しているが，先行研究に多く見られる従来の手法の推定結果では前期の GDP に対する今期の防衛支出拡大幅の比率および今期の防衛支出増加率と前期における非防衛支出の対 GDP 比との交差項の VIF が極めて高く，やはり多重共線性の発生が疑われるが，交差項を前期の GDP に対する今期の防衛支出拡大幅の比率と前期の防衛支出に対する非防衛支出の比率の交差項に書き換え，さらにそれらをそれぞれ標準化してから交差項を作成して推定した場合には VIF は大きく低下して多重共線性の発生を抑制することに成功し，その実証分析の結果から，日本の場合には 0.76％以上 0.92％以下，米国の場合には 3.91％以上 8.65％以下の範囲であれば防衛支出拡大がマクロ経済成長に対して有意なプラスの効果をもたらすことを明らかにしている。ただし，前章で用いられたのは年次データであって四半期データではなく，共和分分析による実証分析を行っていない。このような問題意識から本章では前章の手法に基本的には従いつつ，Feder-Ram モデルを 1980 年代以降の米国のデータを用いて推定期間を冷戦期とポスト冷戦期に分割し，さらには共和分検定を経て ECM も推定することとする。

3. 定式化

本章では安藤（1998a, 1998b, 1999）および Ando（2000）をはじめとする主要先行研究が用いている三部門モデル

$$\frac{\Delta Y}{Y_{-1}} = 定数項 + \alpha \frac{I}{Y_{-1}} + \beta \frac{\Delta L}{L_{-1}} + \delta'_n \frac{\Delta N}{Y_{-1}} + \theta_n \left[\frac{\Delta N}{N_{-1}}\right]\left[\frac{P_{-1}}{Y_{-1}}\right] + \delta'_m \frac{\Delta M}{Y_{-1}}$$
$$+ \theta_m \left[\frac{\Delta M}{M_{-1}}\right]\left[\frac{P_{-1}}{Y_{-1}}\right] \quad (6.1)$$

を用いる。なお (6.1) 式において第 4 項と第 6 項の交差項を構成する $\Delta N/Y_{-1}$, P_{-1}/N_{-1}, $\Delta M/Y_{-1}$, P_{-1}/M_{-1} は前章と同様に標準化される。ここで Y は実質 GDP, I は実質民間投資, L は労働投入量（＝非農業民間部門総労働者数×週平均労働時間），M は実質防衛支出，つまり，当該国の政府が国内においてであろうが海外においてであろうが購入した軍事財・サービス，兵士および

文官が創り出した安全保障サービスの付加価値の総計，Nは実質政府支出のうちの実質非防衛支出，CはYからMを引いた実質非防衛支出（実質民生支出），PはYからMとNを引いた実質民間支出であり，添え字の-1は１期のラグを，Δは前年から今年にかけての変化額を表している。またδ'_mは，非防衛部門経済もしくは民間部門経済の２つの生産要素の限界生産力に対する防衛部門経済のそれの比率が等しく，それが$1+\delta_m$で表されるとき，その差δ_mを用いて

$$\delta'_m = \frac{\delta_m}{1+\delta_m} \quad (6.2)$$

と書き直されており，δ'_nは民間部門経済の２つの生産要素の限界生産力に対する政府非防衛部門経済のそれの比率が等しく，それが$1+\delta_n$で表されるとき，その差δ_nを用いて

$$\delta'_n = \frac{\delta_n}{1+\delta_n} \quad (6.3)$$

と書き直されている。ここでαは民間部門経済の資本の限界生産力，βはこれらその労働の実質限界生産力とマクロ経済全体の一人当たり実質平均産出高との間の線形関係を表すパラメータである。(6.1) 式における被説明変数が実質経済成長率であることからこのδ'_mとδ'_nはそれぞれ政府の防衛支出拡大と非防衛支出拡大が経済成長率にどのような影響を与えるのかを意味する。(6.1) 式におけるθ_mとθ_nはそれぞれ政府の防衛部門経済から民間部門経済への外部効果と政府の非防衛部門経済から民間部門経済への外部効果を表す。

152   第6章　米国における防衛部門経済の外部効果

4. 実証分析

4.1 記述統計

表 6.1　記述統計

期間	1980年Ⅰ－1991年Ⅳ (n=48)				1992年Ⅰ－2015年Ⅲ (n=95)			
変数	最小値	最大値	平均値	標準偏差	最小値	最大値	平均値	標準偏差
Y	-0.020	0.023	0.007	0.009	0.006	0.006	-0.021	0.019
X_1	0.120	0.163	0.143	0.010	0.166	0.018	0.126	0.196
X_2	-0.020	0.024	0.003	0.009	0.003	0.007	-0.027	0.015
X_3	-0.006	0.004	0.001	0.002	0.001	0.001	-0.002	0.003
X'_3	-3.791	1.768	0.000	1.000	-2.487	2.741	0.000	1.000
X_4	-0.024	0.020	0.005	0.008	0.003	0.005	-0.010	0.016
X'_4	-4.766	3.335	0.000	1.609	-4.860	1.849	-0.105	0.785
X_5	-0.002	0.003	0.001	0.001	0.000	0.001	-0.003	0.003
X'_5	-2.232	1.830	0.000	1.000	-2.781	2.785	0.000	1.000
X_6	-0.025	0.030	0.007	0.014	-0.048	0.056	0.001	0.018
X'_6	-2.002	3.960	0.034	0.982	-2.201	3.759	0.081	0.846

(出所)　筆者作成。

　冷戦期（1980年第1四半期～1991年第4四半期）とポスト冷戦期（1992年第1四半期～2015年第3四半期）の各変数の記述統計は表6.1に示されている通りである。ここでは（6.1）式における被説明変数と説明変数を次のように改めて書き換えている。

$$\frac{\Delta Y}{Y_{-1}} : Y$$

$$\frac{I}{Y_{-1}} : X_1$$

$$\frac{\Delta L}{L_{-1}} : X_2$$

$$\frac{\Delta N}{Y_{-1}} : X_3$$

標準化された $\dfrac{\Delta N}{Y_{-1}}$: X'_3

$\left[\dfrac{\Delta N}{N_{-1}}\right] \times \left[\dfrac{P_{-1}}{Y_{-1}}\right]$: X_4

標準化された $\left[\dfrac{\Delta N}{N_{-1}}\right] \times$ 標準化された $\left[\dfrac{P_{-1}}{Y_{-1}}\right]$: X'_4

$\dfrac{\Delta M}{Y_{-1}}$: X_5

標準化された $\dfrac{\Delta M}{Y_{-1}}$: X'_5

$\left[\dfrac{\Delta M}{M_{-1}}\right] \times \left[\dfrac{P_{-1}}{Y_{-1}}\right]$: X_6

標準化された $\left[\dfrac{\Delta M}{M_{-1}}\right] \times$ 標準化された $\left[\dfrac{P_{-1}}{Y_{-1}}\right]$: X'_6

使用したデータは米国商務省経済統計局（BEA）のウェブサイト（http://www.bea.gov/）および同国労働省労働統計局（BLS）のウェブサイト（http://www.bls.gov/）から取得した。実質化に用いられている物価指数は2009年連鎖型価格指数である。推定に際して表中の分数は百分率表示されていない。推定期間は1991年12月31日のソビエト連邦崩壊をもって冷戦期とポスト冷戦期に分割した。

4.2 単位根検定

表 6.2 ADF 検定の結果

期間	1980年II－1991年IV (n=47)			1992年I－2010年I (n=73)		
変数	定数項なし トレンドなし	定数項あり トレンドなし	定数項あり トレンドあり	定数項なし トレンドなし	定数項あり トレンドなし	定数項あり トレンドあり
Y	$I(1)$ ***	$I(0)$ **	$I(0)$ *	$I(0)$ **	$I(0)$ ***	$I(0)$ ***
X_1	$I(1)$ †	$I(2)$ ***	$I(2)$ ***	$I(0)$ *	$I(1)$ **	$I(0)$ *
X_2	$I(0)$ ***	$I(0)$ ***	$I(0)$ ***	$I(0)$ ***	$I(0)$ ***	$I(0)$ ***
X_3	$I(1)$ ***	$I(0)$ ***	$I(0)$ ***	$I(0)$ †	$I(0)$ *	$I(0)$ †
X'_3	$I(0)$ ***	$I(0)$ ***	$I(0)$ ***	$I(1)$ ***	$I(0)$ ***	$I(0)$ ***
X_4	$I(1)$ ***	$I(0)$ **	$I(0)$ *	$I(1)$ ***	$I(1)$ ***	$I(0)$ †
X'_4	$I(0)$ ***	$I(0)$ ***	$I(0)$ **	$I(0)$ ***	$I(0)$ ***	$I(0)$ ***
X_5	$I(1)$ ***	$I(0)$ ***	$I(0)$ ***	$I(0)$ ***	$I(0)$ ***	$I(0)$ ***
X'_5	$I(0)$ ***	$I(0)$ ***	$I(0)$ ***	$I(0)$ ***	$I(0)$ ***	$I(0)$ **
X_6	$I(1)$ ***	$I(0)$ ***	$I(0)$ ***	$I(0)$ *	$I(0)$ ***	$I(0)$ ***
X'_6	$I(0)$ ***	$I(0)$ ***	$I(0)$ ***	$I(0)$ *	$I(1)$ ***	$I(0)$ ***

(注) 表中のカッコ内の数字は階差の次数を，***，**，*および†はそれぞれ単位根ありとの帰無仮説を 0.1％，1％，5％および 10％で棄却できることを表している。

ADF 検定の結果は表 6.2 に示されている。冷戦期については X_2, X'_3, X'_4, X'_5, X'_6 が，ポスト冷戦期については Y, X_2, X_3, X'_4, X_5, X'_5, X_6 が 3 種類すべての ADF 検定においても次数 0 で単位根ありとの帰無仮説が棄却されているが，それ以外の変数はいずれかの ADF 検定で次数 1 もしくは 2 で同帰無仮説が棄却され $I(1)$ もしくは $I(2)$ となっている。したがって (6.1) 式の推定結果は見せかけの回帰の可能性がある。

4.3 実証分析の結果
4.3.1 従来の方法による推定結果

表6.3 推定結果（1）

推定期間	1980年Ⅱ－1991年Ⅳ ($n=47$)			1992年Ⅰ－2010年Ⅰ ($n=73$)		
推定式番号	(6.1)			(6.2)		
変数	推定係数	t値	VIF	推定係数	t値	VIF
定数項	0.01740	1.252		0.00053	0.082	
X_1	-0.09923	-0.964	2.174	0.01635	0.421	1.400
X_2	0.93173	13.072 ***	1.625	0.61125	6.458 ***	1.246
X_3	2.38659	0.236	863.406	6.52600	1.135	196.886
X_4	-0.34360	-0.142	875.285	-0.99760	-0.846	201.102
X_5	8.81800	1.101	193.744	-4.14260	-1.156	50.412
X_6	-0.84789	-1.021	193.989	0.32781	1.492	50.293
adj. R^2		0.738			0.507	
SE		0.005			0.004	
DW		2.747			1.660	
BG_{LM}		10.692 ***			3.895	
JB		1.057			4.555	
BP_{Hetero}		10.614			8.594	
W_{Hetero}		28.159			28.763	
F		23.056 ***			17.141 ***	

（注）表中の***は0.1％で有意であることを表している。

ここではまず多くの先行研究で従来から用いられてきた手法によって (6.1) 式を単純最小二乗法（OLS）で推定する。その推定結果は表6.3に示されている。ここで adj. R^2 は自由度修正済み決定係数，SE は標準誤差，DW は Durbin-Watson 検定統計量，BG_{LM} は次数を4とする誤差項の系列相関を検定する Breusch-Godfrey のラグランジュ乗数（LM）検定統計量，JB は誤差項の正規分布を検定する Jarque-Bera 検定統計量，BP_{Hetero} と W_{Hetero} はそれぞれ誤差項の均一分散を検定する Breusch-Pagan 検定統計量と White 検定統計量，F は F 検定統計量である。Durbin-Watson 検定統計量から誤差項に1次の系列相関がないとの帰無仮説を1％水準では棄却できない。Breusch-Godfrey の LM 検定の結果から誤差項に4次の系列相関なしとの帰無仮説を0.1％水準で有意に棄却することができる。Jarque-Bera 検定統計量は誤差項の分散が正規分布であるとの帰無仮説を棄却していない。よって誤差項の分散

均一に関する帰無仮説が棄却されるかどうかについては Breusch-Pagan 検定統計量をみる。同検定統計量は誤差項の分散は均一であるとの帰無仮説が棄却していない。以上を受けて OLS により得られた係数の推定量を用いた Newey-West の一致性のある推定が行われている。X_4 および X_6 の推定係数はそれぞれ政府非防衛部門経済から民間部門経済への外部効果と防衛部門経済から民間部門経済へのそれを表す。冷戦期についてまずみよう。両者はともに負であり,しかも有意ではない。したがって 2 つの外部効果は存在しなかったことになる。X_3 および X_5 の推定係数はともに正であるがやはり両者ともに有意ではない。したがって前期の GDP に対して政府非防衛部門経済や防衛部門経済が拡大しても米国の経済成長には貢献しないことを意味する。有意な説明変数は X_2 だけであるが F 検定統計量は説明変数のすべての推定係数が 0 であるとの帰無仮説を 0.1％水準で棄却している。自由度修正済み決定係数は 0.7 を超え,本モデルの説明力が高いことを示している。

　次にポスト冷戦期をみよう。Durbin-Watson 検定統計量から誤差項に 1 次の系列相関がないとの帰無仮説を 1％水準で棄却できない。Breusch-Godfrey の LM 検定統計量は誤差項に 4 次の系列相関なしとの帰無仮説を棄却していない。Jarque-Bera 検定統計量は誤差項の分散が正規分布であるとの帰無仮説を棄却していないので誤差項の分散均一に関する帰無仮説が棄却されるかどうかについては Breusch-Pagan 検定統計量をみる。同検定統計量は誤差項の分散は均一であるとの帰無仮説が棄却していない。X_1 も X_2 は符号条件を満たしているが有意なのは後者だけである。X_3 は正,X_5 は負であるがともに有意には 0 とは異ならず,冷戦期と同様に前期の GDP に対して政府非防衛部門経済や防衛部門経済の変化額の比率が上昇しても米国の経済成長率には影響しないことを意味する。X_4 は政府非防衛部門経済から民間部門経済への負の外部効果を示しているが有意ではない。X_6 は正であるが 10％水準でも有意ではない。ただしその t 値は 1.5 を若干下回る程度で被説明変数と弱い相関を示している。自由度修正済み決定係数は 0.5 をわずかに上回る程度で本モデルの説明力が高くないことを示しているが F 検定統計量は説明変数のすべての推定係数が 0 であるとの帰無仮説を 0.1％水準で棄却している。

　ただし冷戦期およびポスト冷戦期ともに X_3, X_4, X_5, X_6 の VIF は 1 つの

目安とされる 10 を大きく超えており多重共線性の発生が疑われる。

4.3.2　改善された手法による推定結果

　ADF 検定ではすべての変数が $I(1)$ ではなく $I(0)$ もあったため (6.1) 式の推定結果が見せかけの回帰である可能性を指摘した。また，4.3.1 では先行研究が指摘しているように推定に際して多重共線性の発生が疑われることも指摘した。よってここでは第 5 章の手法を取り入れ，(6.1) 式の第 4 項と第 6 項を構成する 4 つの分数を平均が 0，標準偏差が 1 となるよう標準化する。そして Engle and Granger (1989) の方法でまず (6.1) 式を改めて書き直した以下の (6.4) 式で表される被説明変数と説明変数間の長期的均衡関係

$$Y = 定数項 + a_1 X_1 + a_2 X_2 + a_3 X'_3 + a_4 X'_4 + a_5 X'_5 + a_6 X'_6 + \varepsilon \quad (6.4)$$

を OLS で推定し，その誤差項に関して単位根検定を行う。もし誤差項が次数 0 で単位根ありのと帰無仮説を棄却できれば被説明変数と説明変数の間に共和分関係が存在することを意味するため (6.4) 式の 1 階の階差をとり，(6.4) 式で得られた誤差修正項（ECT）を加えた誤差修正モデル

$$\varDelta Y = 定数項 + b_1 \varDelta X_1 + b_2 \varDelta X_2 + b_3 \varDelta X'_3 + b_4 \varDelta X'_4 + b_5 \varDelta X'_5 + b_6 \varDelta X'_6$$
$$+ \delta ECT_{-1} + e \quad (6.5)$$

を推定する。ここで ECT は誤差修正項，e は (6.5) 式の誤差項，ECT の右下の添え字である -1 は 1 期前を表す。

表 6.4 推定結果 (2)

推定期間	1980年II−1991年IV ($n=47$)			1992年I−2010年I ($n=73$)		
推定式番号	(6.3)			(6.4)		
変数	推定係数	t値	VIF	推定係数	t値	VIF
定数項	0.00483	0.324		0.00306	0.520	
X_1	−0.00248	−0.023	2.670	0.00742	0.209	1.203
X_2	0.85492	8.006 ***	2.042	0.62554	6.088 ***	1.184
X'_3	0.00331	2.814 ***	3.026	0.00160	3.227 **	1.129
X'_4	−0.00136	−1.578	4.188	0.00014	0.236	1.087
X'_5	0.00035	0.505	1.069	0.00135	2.702 **	1.193
X'_6	−0.00100	−1.400	1.075	0.00075	1.143	1.168
adj. R^2		0.757			0.494	
SE		0.005			0.004	
DW		2.643			1.637	
BG_{LM}		7.143			3.889	
JB		1.435			5.191 †	
BP_{Hetero}		5.530			9.489	
W_{Hetero}		22.785			34.059	
F		25.356 ***			14.913 ***	

(注) 表中の***,**および†はそれぞれ 0.1%,1%および 10%で有意であることを表している。

冷戦期およびポスト冷戦期のデータを用いた (6.4) 式の推定結果は表 6.4 に示されている。推定係数は小数点第 3 位まででは差がわかりづらいため小数点第 5 位まで示されている。まず冷戦期からみよう。Durbin-Watson 検定統計量から誤差項に 1 次の系列相関がないとの帰無仮説を 5%水準でも棄却できない。また Breusch-Godfrey の LM 検定の結果から誤差項に 4 次の系列相関なしとの帰無仮説を棄却することができない。Jarque-Bera 検定統計量は誤差項の分散が正規分布であるとの帰無仮説を棄却していない。よって誤差項の分散均一に関する帰無仮説が棄却されるかどうかについては Breusch-Pagan 検定統計量をみることとする。同検定統計量は誤差項の分散は均一であるとの帰無仮説を棄却していない。VIF は多重共線性の発生が疑われる 1 つの目安とされる 10 をすべての説明変数が下回っている。X_1 は予想される符号とは反対に被説明変数と負の相関を示しているが有意ではない。X_2 は符号条件を満たして 0.1%水準で有意である。X'_3 は 0.1%水準で有意な正であり,前期の GDP に対する政府非防衛部門経済の変化額が 1%ポイント拡大することにより経済

成長率は年率換算で約 0.01％程度伸びることを表している。X'_4 は 10％水準でも有意ではないがその t 値の絶対値は 1.6 を若干下回る程度で被説明変数と弱い負の相関を示している。X_5 は正であるが有意ではない。X'_6 はそれぞれ負で 10％水準でも有意ではないが，その t 値の絶対値は 1.4 程度で被説明変数と弱い負の相関を示している。F 検定統計量は説明変数のすべての推定係数が 0 であるとの帰無仮説を 0.1％水準で棄却している。

次にポスト冷戦期についてみよう。Durbin-Watson 検定統計量から誤差項に 1 次の系列相関がないとの帰無仮説を 5％水準でも棄却できるかどうか判断ができない。このため次数 1 でも Breusch-Godfrey の LM 検定を行なった。その統計量は表中には示されていないが 2.962 でこれは 10％水準で誤差項に 1 次の系列相関なしとの帰無仮説を棄却している。また表中に示されているように次数 4 での Breusch-Godfrey の LM 検定統計量は誤差項に 4 次の系列相関なしとの帰無仮説を棄却していない。ただし Jarque-Bera 検定統計量は誤差項の分散が正規分布であるとの帰無仮説を 10％水準で棄却しており，誤差項の分散均一に関する帰無仮説が棄却されるかどうかについては White 検定統計量をみることとする。同検定統計量は誤差項の分散は均一であるとの帰無仮説が棄却していない。したがってここでは Newey-West の一致性のある推定が行われている。VIF はすべての説明変数が 2 を下回っており多重共線性の発生は抑制されたと考えることができる。X_1 と X_2 はともに符号条件を満たしているが有意なのは後者だけである。X'_3 と X_5 はともに有意な正であり，防衛部門であれ非防衛部門であれ前期の GDP に対する政府部門経済の変化額の比率が上昇すれば米国の経済成長率は上昇することを表している。X_4 も X_6 も正であるが有意ではなく政府非防衛部門経済から民間部門経済への外部効果も防衛部門経済から民間部門経済への外部効果も存在しないことを表している。自由度修正済み決定係数は 0.5 をわずかに超える程度であり，本モデルの説明力は低いと考えられる。F 検定統計量は説明変数のすべての推定係数が 0 であるとの帰無仮説を 0.1％水準で棄却している。

表 6.5 誤差項の ADF 検定の結果

推定式番号	定数項あり トレンドなし	定数項あり トレンドあり
(5.3)	-9.426 **	-9.457 **
(5.4)	-8.103 **	-8.113 **

(注)有意水準は Davidson and MacKinnon (1993, p.722, Table 20.2) による。ただし同表では定数項とトレンドがともにない単位根検定の有意水準は示されていない。

ここで Engle and Granger (1989) の方法で共和分検定を行なう。推定式番号 (6.3) と (6.4) の誤差項に関して行なった ADF 検定による単位根検定の結果は表5.5に示されている。両式ともに2種類のADF検定の結果から $I(0)$ であるとの帰無仮説は棄却されていない。したがって変数間に共和分関係が存在すると考えられる。したがって次に (6.5) 式で表される ECM を推定する。

表 6.6 推定結果 (3)

推定期間	1980年II－1991年IV (n=47)			1992年I－2010年I (n=73)		
推定式番号	(6.5)			(6.6)		
変数	推定係数	t 値	VIF	推定係数	t 値	VIF
定数項	0.00006	0.111		-0.00028	-0.668	
ΔX_1	0.56618	3.743 ***	2.865	0.53531	4.401 ***	1.263
ΔX_2	0.65485	6.391 ***	2.027	0.63539	4.876 ***	1.343
$\Delta X'_3$	0.00806	4.676 ***	20.293	0.00176	5.331 ***	1.111
$\Delta X'_4$	-0.00552	-3.595 ***	26.692	0.00005	0.132	1.085
$\Delta X'_5$	0.00091	1.802 †	1.555	0.00107	4.449 ***	1.151
$\Delta X'_6$	-0.00063	-1.702 †	1.143	0.00096	3.355 ***	1.182
ECT_{-1}	-1.05903	-6.784 ***	1.569	-0.89891	-8.449 ***	1.138
adj. R^2		0.872			0.732	
SE		0.004			0.003	
DW		1.977			1.630	
BG_{LM}		1.493			13.006 *	
JB		2.170			2.045	
BP_{Hetero}		2.996			11.456	
W_{Hetero}		35.252			66.359 *	
F		45.755 ***			37.363 ***	

(注)表中の***,**および†はそれぞれ0.1%, 5%および10%で有意であることを表している。

冷戦期とポスト冷戦期における短期的均衡を表す ECM の推定結果は表 6.6

に示されている。推定式番号（6.5）においても（6.6）においても ECT は有意な負である。まず冷戦期についてみよう。Durbin-Watson 検定統計量は誤差項に 1 次の系列相関がないとの帰無仮説を 5％水準でも棄却していない。また Breusch-Godfrey の LM 検定統計量は誤差項に 4 次の系列相関なしとの帰無仮説を棄却していない。Jarque-Bera 検定統計量は誤差項の分散が正規分布であるとの帰無仮説を棄却していないので誤差項の分散均一に関する帰無仮説が棄却されるかどうかについては White 検定統計量をみる。同検定統計量は誤差項の分散は均一であるとの帰無仮説が棄却していない。VIF は $\Delta X'_3$ と $\Delta X'_4$ が 20 を超えている。ΔX_1 および ΔX_2 はともに符号条件を満たしながら 0.1％水準で有意である。$\Delta X'_3$ および $\Delta X'_5$ はともに正の符号を示し，前者が 0.1％水準で，後者が 10％水準で有意である。このことは前期の GDP に対する非防衛部門であれ防衛部門であれ政府部門経済の変化額の比率が上昇することで経済成長率が上昇することを意味している。短期的均衡における政府非防衛部門経済から民間部門経済への外部性を表す $\Delta X'_4$ は 0.1％水準で有意な負であり，政府非防衛部門経済が 1％拡大したときに民間部門経済は年率換算で約 0.02％縮小することを表している。$\Delta X'_6$ の推定係数は 10％水準で有意な負であり，冷戦期には防衛部門経済から民間部門経済への外部性が存在していたことを表すが，防衛部門経済が 1％拡大したときに民間部門経済は年率換算で約 0.01％に満たない程度にしか縮小しなかったことを表している。自由度修正済み決定係数は 0.8 を超え，本モデルの説明力が高いことを表している。F 検定統計量は 0.1％水準ですべての説明変数が 0 であるとの帰無仮説を棄却している。

次にポスト冷戦期をみよう。Durbin-Watson 検定統計量から誤差項に 1 次の系列相関がないとの帰無仮説を 5％水準でも棄却できるかどうか判定ができない。表中には示されていないが次数 1 での Breusch-Godfrey の LM 検定統計量は 11.101 でこれは 0.1％水準で誤差項に 1 次の系列相関がないとの帰無仮説を棄却している。数 4 での Breusch-Godfrey の LM 検定の結果から誤差項に 4 次の系列相関なしとの帰無仮説を 5％水準で有意に棄却することができる。Jarque-Bera 検定統計量は誤差項の分散が正規分布であるとの帰無仮説を棄却していない。よって誤差項の分散均一に関する帰無仮説が棄却されるかど

うかについては Breusch-Pagan 検定統計量をみることとする。同検定統計量は誤差項の分散は均一であるとの帰無仮説が棄却していない。以上からここでは Newey-West の一致性のある推定が行われている。$\varDelta X_1$ および $\varDelta X_2$ はともに符号条件を満たしながら 0.1％水準で有意である。推定係数は冷戦期とほぼ変化がない。$\varDelta X'_3$ および $\varDelta X'_5$ はともに正の符号を示して 0.1％水準で有意である。このことは前期の GDP に対する非防衛部門であれ防衛部門であれ政府部門経済の変化額の比率が上昇することで経済成長率が上昇することを意味しているが両変数の係数は冷戦期に比べて低下している。$\varDelta X'_4$ も $\varDelta X'_6$ も符号は正であるが有意なのは後者だけである。したがってポスト冷戦期では冷戦期とは異なり短期的均衡において防衛部門経済から民間部門経済への正の外部効果が存在し、防衛部門経済が 1％拡大したときに民間部門経済は年率換算で約 0.004％拡大することを表している。自由度修正済み決定係数は 0.7 を超え、本モデルの説明力は長期的均衡の推定結果を大きく上回っている。VIF はすべて 2 を下回っている。

5. 結論

本章では米国の商務省経済統計局と労働省労働統計局が提供する 1979 年第 4 四半期～2015 年第 3 四半期のデータを用い、冷戦期とポスト冷戦期に分けて Feder-Ram モデルの三部門モデルを推定した。その際、先行研究でしばしば指摘されてきた多重共線性発生を抑制するため、第 5 章で用いた分析手法を踏襲して説明変数に含まれる交差項をあらためて書き直し、そこに含まれる 2 つの変数を標準化した。また、誤差項の単位根検定を行なって共和分関係の存在を確認したうえで誤差修正モデルを推定した。その結果、第 1 に、冷戦期およびポスト冷戦期において長期的均衡関係における誤差項を考慮した誤差修正モデルが有用であることが明らかにされた。著者が知る限り本章で扱った Feder-Ram モデルの誤差修正モデルによる推定を行なっている先行研究はない。第 2 に、誤差修正モデルの推定結果から冷戦期には短期的均衡において防衛部門経済から民間部門経済への負の外部効果が存在したのに対してポスト冷

戦期では防衛部門経済から民間部門経済への正の外部効果が存在することが明らかにされた。しかし，それら弾性値の絶対値はともにきわめて低く，民間部門経済に与える影響はかなり限られている。そして第3に，冷戦期であれポスト冷戦期であれ前期のGDPに対する防衛部門経済の拡大幅が大きければ大きいほど米国のマクロ経済成長率はそれだけより一層大きくなることが明らかにされた。ただしこれらについてもその正の影響はきわめて小さい。

なおAppendixの表A 6.1には推定式番号（6.3）および（6.4）に関してJohansen（1988）の共和分分析の結果が示されている。前者については共和分の数は5個もしくは6個が，後者については4個，5個もしくは6個が支持されている。また第5章で行った単純傾斜の分析は短期均衡における第4説明変数および第6説明変数は交差項の第1階差であってそれらを構成する分数の第1階差の積ではないため本章では計算していない。共和分分析を行わない第5章と同様の手法での実証分析の結果は次の補論において示される。

Appendix

表A 6.1　Johansenの共和分検定の結果（トレース統計量）

推定式番号	共和分の数に関する帰無仮説						
	$r=0$	$r \leq 1$	$r \leq 2$	$r \leq 3$	$r \leq 4$	$r \leq 5$	$r \leq 6$
(6.3)	258.883 ***	187.892 ***	125.429 ***	79.544 **	44.287 **	17.301	3.862
(6.4)	279.991 ***	188.567 ***	114.117 ***	68.924 *	34.768	17.210	5.397

（注）表中の***，**および*はそれぞれ0.1％，1％および5％でそれぞれの共和分の数に関する帰無仮説が棄却されることを表している。

第6章補論

米国における防衛部門経済と経済成長
―四半期データを用いた単純傾斜アプローチからの冷戦期とポスト冷戦期の比較研究―

1. 序論

　本補論の目的は1980年以降の米国の四半期データを用い，推定期間を冷戦期とポスト冷戦期に分割して第5章で用いた手法によりFeder-Ramモデルの三部門モデルを推定し，防衛部門経済の外部効果と防衛支出拡大の経済成長への影響に変化があったのかを実証的検証することである。

　第6章ではFeder-Ramモデルに共和分分析を適用したが，短期的均衡での推定結果には第5章で用いた単純傾斜（simple slope）アプローチを採用できなかった。したがって本補論では共和分分析を適用せず，単純傾斜アプローチから δ'_m の単純傾斜とその t 値を計算し，防衛支出が経済成長率にどのような影響を及ぼすのかを示す。ただし被説明変数と説明変数は第5章とかなり重複するので記述統計や単位根検定の結果の一部は第5章のものと同じである。

2. 定式化

　本補論では第4章で用いている三部門モデル

$$\frac{\Delta Y}{Y_{-1}} = 定数項 + \alpha\frac{I}{Y_{-1}} + \beta\frac{\Delta L}{L_{-1}} + \delta'_n\frac{\Delta N}{Y_{-1}} + \theta_n\left[\frac{\Delta N}{Y_{-1}}\right]\left[\frac{P_{-1}}{N_{-1}}\right] + \delta'_m\frac{\Delta M}{Y_{-1}}$$

$$+ \theta_m\left[\frac{\Delta M}{Y_{-1}}\right]\left[\frac{P_{-1}}{M_{-1}}\right] \quad (6.6)$$

を用いる。なお (6.6) 式における第3項 $\Delta N/Y_{-1}$, 第5項 $\Delta M/Y_{-1}$, 第4項と第6項の交差項を構成する4つの分数 $\Delta N/Y_{-1}$, P_{-1}/N_{-1}, $\Delta M/Y_{-1}$, P_{-1}/M_{-1} は平均が0, 標準偏差が1となるよう標準化される。ここで Y は実質 GDP, I は実質民間投資, L は労働投入量(＝非農業民間部門総労働者数×週平均労働時間), M は実質防衛支出, つまり, 当該国の政府が国内においてであろうが海外においてであろうが購入した軍事財・サービス, 兵士および文官が創り出した安全保障サービスの付加価値の総計, N は実質政府支出のうちの実質非防衛支出, P は Y から M と N を引いた実質民間支出であり, 添え字の-1は1期のラグを, Δ は前年から今年にかけての変化額を表している。また δ'_m は, 民間部門経済の2つの生産要素の限界生産力に対する防衛部門経済のそれの比率が等しく $1+\delta_m$ で表されるとき, その差 δ_m を用いて

$$\delta'_m = \frac{\delta_m}{1+\delta_m} \quad (6.7)$$

と書き直されており, δ'_n は民間部門経済の2つの生産要素の限界生産力に対する政府非防衛部門経済のそれの比率が等しく $1+\delta_n$ で表されるとき, その差 δ_n を用いて

$$\delta'_n = \frac{\delta_n}{1+\delta_n} \quad (6.8)$$

と書き直されている。ここで α は民間部門経済の資本の限界生産力, β はこれらその労働の実質限界生産力とマクロ経済全体の一人当たり実質平均産出高との間の線形関係を表すパラメータである。(6.6) 式における被説明変数が実質経済成長率であることからこの δ'_m と δ'_n はそれぞれ政府の防衛支出拡大と非防衛支出拡大が経済成長率にどのような影響を与えるのかを意味する。(6.6) 式における θ_m と θ_n はそれぞれ政府の防衛部門経済から民間部門経済への外部効果と政府の非防衛部門経済から民間部門経済への外部効果を表す。

166 第6章補論 米国における防衛部門経済と経済成長

3. 実証分析

3.1 記述統計

表 C 6.1 記述統計

期間	1980年 I －1991年 IV (n=48)				1992年 I －2015年 III (n=95)			
変数	最小値	最大値	平均値	標準偏差	最小値	最大値	平均値	標準偏差
Y	-0.020	0.023	0.007	0.009	0.006	0.006	-0.021	0.019
X_1	0.120	0.163	0.143	0.010	0.166	0.018	0.126	0.196
X_2	-0.020	0.024	0.003	0.009	0.003	0.007	-0.027	0.015
X_3	-3.791	1.768	0.000	1.000	-2.487	2.741	0.000	1.000
X_4	-1.188	6.127	0.479	1.153	-3.920	1.411	-0.266	0.752
X_5	-2.232	1.830	0.000	1.000	-2.781	2.785	0.000	1.000
X_6	-2.116	3.510	0.118	0.883	-2.109	4.723	0.256	1.025

(出所) 筆者作成。

冷戦期（1980年第1四半期〜1991年第4四半期）とポスト冷戦期（1992年第1四半期〜2015年第3四半期）の各変数の記述統計は表C 5.1に示されている通りである。ここでは（5.6）式における被説明変数と説明変数を次のように改めて書き換えている。

$$\frac{\Delta Y}{Y_{-1}} : Y$$

$$\frac{I}{Y_{-1}} : X_1$$

$$\frac{\Delta L}{L_{-1}} : X_2$$

標準化された $\dfrac{\Delta N}{Y_{-1}} : X_3$

標準化された $\left[\dfrac{\Delta N}{N_{-1}}\right] \times$ 標準化された $\left[\dfrac{P_{-1}}{Y_{-1}}\right] : X_4$

標準化された $\dfrac{\Delta M}{Y_{-1}} : X_5$

標準化された $\left[\dfrac{\Delta M}{M_{-1}}\right]$ ×標準化された $\left[\dfrac{P_{-1}}{Y_{-1}}\right]$: X_6

使用したデータは米国商務省経済統計局（BEA）のウェブサイト（http://www.bea.gov/）および同国労働省労働統計局（BLS）のウェブサイト（http://www.bls.gov/）から取得した。実質化に用いられている物価指数は2009年連鎖型価格指数である。推定に際して表中の分数は百分率表示されていない。推定期間は1991年12月31日のソビエト連邦崩壊をもって冷戦期とポスト冷戦期に分割した。

3.2 単位根検定

表C 6.2 ADF検定の結果

期間	1980年II－1991年IV (n=47)			1992年I－2010年I (n=73)		
変数	定数項なし トレンドなし	定数項あり トレンドなし	定数項あり トレンドあり	定数項なし トレンドなし	定数項あり トレンドなし	定数項あり トレンドあり
Y	$I(1)$ ***	$I(0)$ **	$I(0)$ *	$I(0)$ **	$I(0)$ ***	$I(0)$ ***
X_1	$I(1)$ †	$I(2)$ ***	$I(2)$ ***	$I(0)$ *	$I(1)$ **	$I(0)$ *
X_2	$I(0)$ ***	$I(0)$ ***	$I(0)$ ***	$I(0)$ ***	$I(0)$ ***	$I(0)$ ***
X_3	$I(0)$ ***	$I(0)$ ***	$I(0)$ ***	$I(1)$ ***	$I(0)$ ***	$I(0)$ ***
X_4	$I(1)$ ***	$I(1)$ ***	$I(0)$ ***	$I(0)$ *	$I(1)$ ***	$I(1)$ ***
X_5	$I(0)$ ***	$I(0)$ ***	$I(0)$ ***	$I(0)$ ***	$I(0)$ ***	$I(0)$ **
X_6	$I(1)$ ***	$I(1)$ ***	$I(1)$ ***	$I(0)$ ***	$I(0)$ *	$I(0)$ †

（注）表中のカッコ内の数字は階差の次数を，***，**，*および†はそれぞれ単位根ありとの帰無仮説を0.1％，1％，5％および10％で棄却できることを表している。

拡張版Dickey-Fuller検定（ADF検定）の結果は表C 6.2に示されている。冷戦期についてはX_2，X_3，X_5が，ポスト冷戦期についてはY，X_2，X_5が3種類すべてのADF検定においても次数0で単位根ありとの帰無仮説が棄却されているが，それ以外の変数はいずれかのADF検定で次数1もしくは2で同帰無仮説が棄却され$I(1)$もしくは$I(2)$となっている。したがって (5.6) 式の推定結果は見せかけの回帰の可能性がある。

3.3 推定結果

表C 6.3　推定結果

推定期間	1980年II−1991年IV (n=47)			1992年I−2010年I (n=73)		
変数	推定係数	t値	VIF	推定係数	t値	VIF
定数項	0.02042	1.635		0.00359	0.787	
X_1	−0.11362	−1.289	1.838	0.00373	0.136	1.182
X_2	0.95268	14.583 ***	1.577	0.63236	9.149 ***	1.191
X_3	0.00202	3.269 **	1.489	0.00168	3.528 ***	1.145
X_4	0.00034	0.795	1.382	0.00040	0.653	1.090
X_5	0.00017	0.192	1.276	0.00138	2.858 **	1.176
X_6	−0.00111	−0.926	1.322	0.00083	1.827 †	1.094
adj. R^2		0.742			0.506	
SE		0.005			0.004	
DW		2.740			1.646	
BG_{LM}		10.871 *			3.554	
JB		1.066			5.678 †	
BP_{Hetero}		7.120			8.731	
W_{Hetero}		27.791			27.591	
F		23.523 ***			17.079 ***	

(注) 表中の***，**，*および†はそれぞれ0.1%，1%，5%および10%で有意であることを表している。

ここで (5.6) 式を推定する。その推定結果は表C 6.3に示されている。ここで adj. R^2 は自由度修正済み決定係数，SE は標準誤差，DW は Durbin-Watson 検定統計量，BG_{LM} は次数を4とする誤差項の系列相関を検定する Breusch-Godfrey のラグランジュ乗数 (LM) 検定統計量，JB は誤差項の正規分布を検定する Jarque-Bera 検定統計量，BP_{Hetero} と W_{Hetero} はそれぞれ誤差項の均一分散を検定する Breusch-Pagan 検定統計量と White 検定統計量，F は F 検定統計量である。

冷戦期についてまずみよう。Durbin-Watson 検定統計量から誤差項に1次の系列相関がないとの帰無仮説を1%水準では棄却できないが5%水準では棄却できるかどうか判定ができない。Breusch-Godfrey の LM 検定の結果により誤差項に4次の系列相関なしとの帰無仮説を5%水準で有意に棄却することができる。Jarque-Bera 検定統計量は誤差項の分散が正規分布であるとの帰無仮説を棄却していない。よって誤差項の分散均一に関する帰無仮説が棄却され

るかどうかについては Breusch-Pagan 検定統計量をみると同検定統計量は誤差項の分散は均一であるとの帰無仮説が棄却していない。以上を受けてここでは Newey-West の一致性のある推定が行われている。X_1 は符号条件を満たさず有意ではないが X_2 は符号条件を満たして有意である。X_4 および X_6 の推定係数はそれぞれ政府非防衛部門経済から民間部門経済への外部効果と防衛部門経済から民間部門経済へのそれを表す。前者は正,後者は負であるがともに有意ではない。したがって2つの外部効果は存在しなかったことになる。F検定統計量は説明変数のすべての推定係数が0であるとの帰無仮説を0.1%水準で棄却している。

次にポスト冷戦期をみよう。誤差項に1次の系列相関がないとの帰無仮説を1%水準では棄却できないが5%水準では棄却できるかどうか判定ができない。また Breusch-Godfrey の LM 検定統計量は誤差項に4次の系列相関なしとの帰無仮説を棄却していない。Jarque-Bera 検定統計量は誤差項の分散が正規分布であるとの帰無仮説を10%水準で棄却しているので誤差項の分散均一に関する帰無仮説が棄却されるかどうかについては White 検定統計量をみる。同検定統計量は誤差項の分散は均一であるとの帰無仮説が棄却していない。したがってここでは Newey-West の一致性のある推定は行われていない。X_1 と X_2 は符号条件を満たしているが有意ではない。X_4 は正であるが有意ではなく,これは政府非防衛部門経済から民間部門経済への外部効果は存在しないことを意味する。しかし X_6 は10%水準で有意な正であり,これは防衛部門経済から民間部門経済への外部効果が存在することを意味している。ただしその前者の後者に対する弾性値は年率換算でも約0.00%程度できわめて小さい。

冷戦期およびポスト冷戦期ともに分散増幅因子(VIF)は1つの目安とされる10を超える説明変数はなく,多重共線性の発生は抑制されたと考えることができる。

3.4 δ'_n および δ'_m の単純傾斜

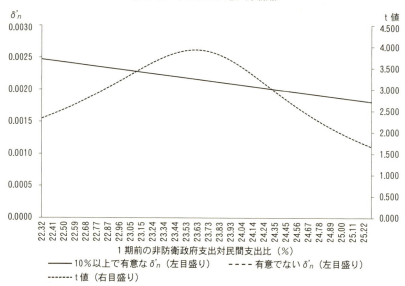

図C 6.1 δ'_n とその t 値(冷戦期)

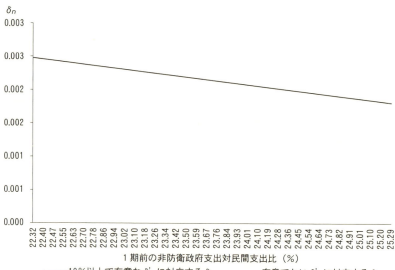

図C 6.2 δ_n(冷戦期)

冷戦期およびポスト冷戦期の推定結果から得られた δ'_n とその t 値は図 C 6.1 に示されている。まず冷戦期からみよう。推定期間中 1 期前の政府非防衛支出の対民間支出比 N_{-1}/P_{-1} は 22.32％以上 25.29％以下であり，少なくともこの範囲のとき δ'_n は 10％以上の水準で有意にゼロと異ならない[1]。このとき δ'_n は 0.00122 以上 0.00252 以下の範囲をとり，1 期前の政府非防衛支出の対民間支出比の上昇とともに低下する。説明変数の $\Delta N/Y_{-1}$ は標準化されているので，政府非防衛支出の対民間支出に対する比率が 22.32％以上 25.26％以下の範囲にあるときには $\Delta N/Y_{-1}$ が 1 標準偏差だけ上昇するとこの有意な δ'_n の値だけ経済成長率が押し上げられることを意味する。δ'_n から得られた δ_n のグラフは図 C 6.2 に示されている。δ_n は 0.00122 以上 0.00252 以下の範囲をとる。つまり冷戦期においてはこの値だけこのとき政府の非防衛部門経済の生産要素の限界生産力は民間部門のそれを各値だけ上回っていたことになる。

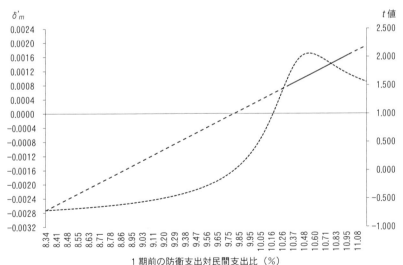

図 C 6.3　δ'_m とその t 値（冷戦期）

―――10％以上で有意な δ'_m（左目盛り）- - - - 有意でない δ'_m（左目盛り）- - - - - - - t 値（右目盛り）

---

[1] 1 期前の政府非防衛支出の対民間支出比が 22.32％未満，25.29％超のときに δ'_n が有意となるかまではここでは計算できない。したがって同比率が 22.32％以上，25.29％以下の範囲外のときでも δ'_n が有意となる可能性はある。

172　第 6 章補論　米国における防衛部門経済と経済成長

図 C 6.4　δ_m（冷戦期）

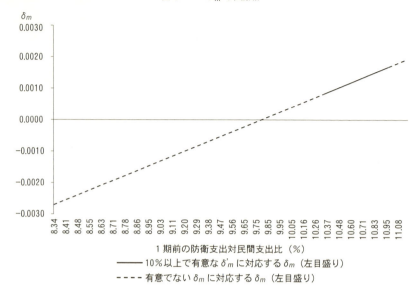

冷戦期の推定結果から得られた δ'_m とその t 値は図 C 6.3 に示されている。冷戦期における 1 期前の防衛支出の対民間支出比 M_{-1}/P_{-1} は 8.34 ％ 以上 11.18 ％ 以下であった。δ'_m が 10 ％以上の水準で有意にゼロと異ならないのは同比率が 10.34 ％以上 10.97 ％以下のときであり，このとき δ'_m は 0.00082 以上 0.00166 以下の範囲をとり，M_{-1}/P_{-1} の上昇とともに上昇する。つまり米国政府は M_{-1}/P_{-1} を 10.34 ％以上 10.97 ％以下の範囲で維持すれば，そしてこの範囲の中でより M_{-1}/P_{-1} が高ければ高いほどより多くの経済成長率押上げ効果を得ていたことになる。δ'_m から得られた δ_m のグラフは図 C 6.4 に示されている。δ_m は -0.00271 以上 0.00192 以下の範囲をとるが M_{-1}/P_{-1} が 10.34 ％以上 10.97 ％以下の範囲にあって δ'_m が有意となるとき 0.00082 以上 0.00166 以下の値をとる。つまり冷戦期においてはこの値だけこのとき政府の非防衛部門経済の生産要素の限界生産力は民間部門のそれを各値だけ上回っていたことになる。

3. 実証分析　173

図C 6.5　δ'_n とその t 値（ポスト冷戦期）

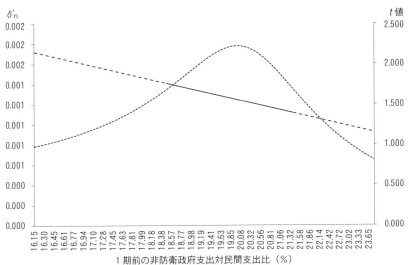

図C 6.6　δ_n（ポスト冷戦期）

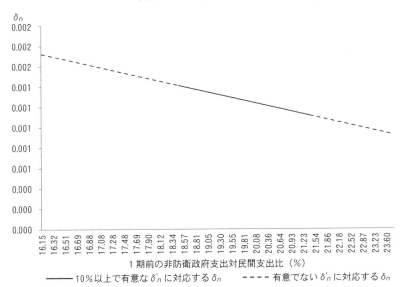

ポスト冷戦期の推定結果から得られた δ'_n とその t 値は図 C 6.5 に示されている。ポスト冷戦期における1期前の政府非防衛支出の対民間支出比 N_{-1}/P_{-1} は 16.15％以上 23.81％以下であった。δ'_n が 10％以上の水準で有意にゼロと異ならないのは同比率が 16.35％以上 21.88％以下のときであり，このとき δ'_n は 0.00125 以上 0.00255 以下の範囲をとり，1期前の政府非防衛支出の対民間支出比 N_{-1}/P_{-1} の上昇とともに低下する。したがって N_{-1}/P_{-1} が 16.35％以上 21.88％以下であるときには $\Delta N/Y_{-1}$ が1標準偏差だけ上昇するとこの有意な δ'_n の値だけ経済成長率が押し上げられることを意味する。δ'_n から得られた δ_n のグラフは図 C 6.6 に示されている。有意な δ'_n に対応する δ_n の最小値は 0.00125，最大値は 0.00255 であり，このとき政府の非防衛部門経済の生産要素の限界生産力は民間部門のそれを各値だけ上回っていたことになる。

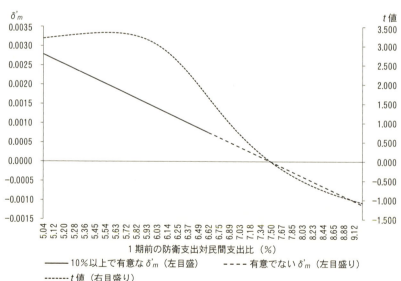

図 C 6.7　δ'_m とその t 値（ポスト冷戦期）

図C 6.8　δ_m（ポスト冷戦期）

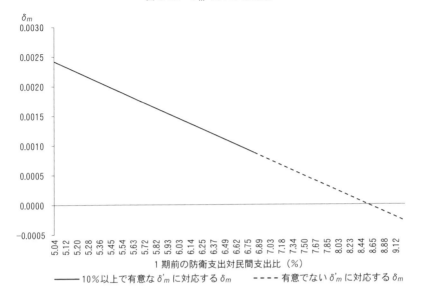

ポスト冷戦期の推定結果から得られた δ'_m と δ_m はそれぞれ図C 6.7 および図C 6.8 に示されている。この期間，1期前における防衛支出の対民間支出比 M_{-1}/P_{-1} は5.04％以上9.31％以下の範囲をとり，これに対応して δ'_m は−0.00066以上0.00266以下の範囲をとっている。ただし，δ'_m が10％で有意となるのは同比率が5.04％以上6.83％以下の範囲に限られ，このとき δ'_m は0.00077以上0.00266以下の範囲をとり，M_{-1}/P_{-1} の上昇とともに低下する。したがって，M_{-1}/P_{-1} が5.04％以上6.83％以下であるとき $\Delta M/Y_{-1}$ が1標準偏差（0.0031958）だけ上昇するとこの有意な δ'_m の値だけ経済成長率が押し上げられることを意味する。また，有意な δ'_m に対応する δ_m の最小値は1期前における防衛支出の対民間部門支出比 M_{-1}/P_{-1} が6.61％のときの0.00077，最大値は同比率が5.04％のときの0.00267であり，この同比率がこの範囲にあるときのみ防衛部門経済の生産要素の限界生産力が民間部門経済のそれを上回ることになる。

4. 結論

本補論では米国の商務省経済統計局と労働省労働統計局が提供する1979年第4四半期から2015年第3四半期までのデータを用い，冷戦期とポスト冷戦期に分けてFeder-Ramモデルの三部門モデルを推定した。その際，先行研究でしばしば指摘されてきた多重共線性発生を抑制するため，第5章で用いられた分析手法を踏襲して説明変数に含まれる交差項をあらためて書き直し，そこに含まれる6個の分数を標準化した。また，交差項を構成する2つの分数は連続変数であるがその一方をあえて0.01を間隔とする離散変数に作り替え，この変数を0.01ずつ変化させて説明変数の1つでもある交差項を構成するもう一方の分数の推定係数とt値を求めた。その結果，第1に，両期間ともに防衛支出の対民間支出比 M_{-1}/P_{-1} が冷戦期においては10.34％以上10.97％以下であれば，ポスト冷戦期は5.04％以上6.83％以下であれば米国は防衛支出拡大による経済成長率押上げ効果を享受することが可能であったことが明らかにされた。ただし M_{-1}/P_{-1} がこれら範囲内にあっても冷戦期には1期前において M_{-1}/P_{-1} をより高めれば高めるほど大きな経済成長率押上げ効果を手に入れることができたのに対してポスト冷戦期ではその範囲内においてできる限り M_{-1}/P_{-1} をより低くすればするほどより大きな経済成長率押上げ効果を手に入れられるという点と，ポスト冷戦期においては冷戦期のように M_{-1}/P_{-1} を10.34％以上10.97％以下の範囲内で維持したとしてももはや経済成長率押上げ効果は得られなくなっている点には注意が必要である。第2に，ポスト冷戦期では防衛部門経済から民間部門経済への有意な正の外部効果が存在することが明らかにされた。しかしその弾性値は年率換算でもほぼ0％ときわめて小さい。

Engle and Granger（1989）の方法による（5.6）式の推定結果の誤差項に関する単位根検定の結果は表A 6.2に示されている。冷戦期であれポスト冷戦期であれその拡張版Dickey-Fuller検定（ADF検定）の結果は2種類ともに1％水準で単位根ありとの帰無仮説を棄却している。またJohansenの共和分検定

の結果は表 A 6.3 に示されているが，共和分の数は冷戦期については 6 個，ポスト冷戦期については 4 個が支持されている。これらはともに本補論における (6.6) 式の推定結果が見せかけの回帰となっていることを示唆しており，第 5 章のような共和分分析を経て誤差修正モデルを推定する方が望ましいと考えられる。

Appendices

表 A 6.2　誤差項の ADF 検定の結果

推定期間	定数項あり トレンドなし	定数項あり トレンドあり
1980 年 II ～ 1991 年 IV	-10.041 **	-10.152 **
1992 年 I ～ 2015 年 III	-8.161 **	-8.153 **

(注) 有意水準は Davidson and MacKinnon (1993, p.722, Table 20.2) による。ただし同表では定数項とトレンドがともにない単位根検定の有意水準は示されていない。

表 A 6.3　Johansen の共和分検定の結果（トレース統計量）

推定期間	共和分の数に関する帰無仮説						
	$r=0$	$r \leq 1$	$r \leq 2$	$r \leq 3$	$r \leq 4$	$r \leq 5$	$r \leq 6$
1980 年 II ～ 1991 年 IV	244.512 ***	179.837 ***	125.826 ***	85.291 ***	53.685 **	26.867 *	7.458
1992 年 I ～ 2015 年 III	250.673 ***	177.347 ***	108.031 **	64.643 *	32.022	15.348	6.209

(注) 表中の***，**および*はそれぞれ 0.1%，1%および 5%でそれぞれの共和分の数に関する帰無仮説が棄却されることを表している。

第7章

日本における防衛部門経済の外部効果
―四半期データを用いた冷戦期とポスト冷戦期の比較研究―

1. 序論

　本章の目的は1980年以降の日本の四半期データを用い，推定期間を冷戦期とポスト冷戦期に分割してFeder-Ramモデルの三部門モデルを推定し，防衛部門経済の外部効果と防衛支出拡大の経済成長への影響に変化があったのかを経済政策論的に考察することである。

　Dunne *et al.* (2005) は防衛支出の経済効果を需要効果，供給効果，安全保障効果の3種類に分類している。日本の研究者は防衛支出と経済成長の関係についてどのように考えてきただろうか。第1の需要効果のうち，防衛支出が持つ総需要創出効果について坂井（1988）は防衛支出拡大が一方では自衛隊員の給与を通じた消費の増加を通じた内需拡大効果から消費財生産拡大につながったり，軍事技術の研究開発が一般産業用技術へスピン・オフしたりする可能性に言及しつつも，防衛支出の特徴として不生産的支出であり，戦闘機や戦車といった生産物には拡大再生産につながらず，国民経済の循環過程に入ってこないこと，その雇用創出効果が他の政府支出や民間支出に比べて小さいこと，軍事技術開発から一般産業用技術への波及効果の余地は狭いこと，軍事技術開発に対する相対的に高い研究資源の配分が民需部門での技術開発を手薄にすることを挙げ，1960年から1980年までのデータを用いて防衛支出負担の小さかった日本の労働生産性がなぜ他の欧米諸国に比べて高かったのかを説明している（坂井 1988, pp.210-214）。田中（1982），「軍縮の経済学」を構築した宮崎（1964）は一貫して大きな軍事負担が一国経済に負の影響を与えるため，日本は軽武装国家であるべきであると主張する。これに対してケインジアンの丹

1. 序論

羽 (1982) はデフレ時における政府支出拡大の必要性を訴え，一定程度の防衛支出拡大は総需要を創出するだけでなく日本の安全保障を高めるという観点から望ましいと主張する。

さて，防衛支出と経済成長との関係に関する実証分析は様々な手法を用いて行われてきたが，同分野を多く扱ってきた *Defence & Peace Economics* 誌では1990年代に入ってFeder-Ramモデルを用いた実証分析を扱う論文が多く掲載されてきた。同モデルは防衛経済学の先行研究において多くの研究者によって用いられてきたが，Huang and Mintz (1991)，Heo (1997, 2010)，安藤 (1998a, 1998b, 1999, 2002)，Ando (2000) やDunne et al. (2005) が指摘しているように，同モデルに内在する問題点の1つとして多重共線性の発生を挙げることができるが，リッジ回帰でその回避を行っているのがHuang and Mintz (1991) とHeo (1997) である。また，米国の年次データを用いて二部門モデルを推定した本書第3章，米国の四半期データを用いて三部門モデルを推定した本書第5章，そしてやはり米国の年次データを用いて三部門モデルを推定したAndo (2017) は，説明変数のうち交差項に含まれる2つの変数を標準化することで多重共線性の発生を抑えることに成功し，その結果，防衛部門経済の外部効果は従来の手法で得られるそれよりも民生部門経済や民間部門経済に与える影響は従来の手法から得られる外部効果よりもきわめて小さいことを実証的に明らかにしている。本章ではこれら本書第5章と第6章，そしてAndo (2017) と同じ手法で日本の四半期データを用い，推定期間を冷戦期とポスト冷戦期に分割して三部門モデルを推定し，防衛支出拡大が経済成長に与える影響と防衛部門経済の外部門の外部効果を計測するとともに共和分検定を経た誤差修正モデル (ECM) の推定も行なう。

本章の構成は以下の通りである。第2節では日本の防衛部門経済の外部効果と，Feder-Ramモデルの推定でしばしば指摘される多重共線性の発生を抑制する試みを行ってきた先行研究と多重共線性問題に対処した先行研究を要約する。第3節では多重共線性発生の抑制を目的とした分析上の改善を加えたモデルの定式化が行われ，第4節では記述統計と，拡張版Dickey-Fuller検定 (ADF検定) による単位根検定の結果を示したのち，従来通りの三部門モデルの推定結果と誤差修正モデルによる三部門モデルの推定結果が示され，最後に

結論と政策的インプリケーションが導出される。

2. 先行研究

　日本のデータを用いて Feder-Ram モデルを推定し，防衛部門経済の外部効果を計測しているのが安藤（1998a, 1998b, 2002）である。安藤（1998a）は年次データを用いて，また安藤（1998b）は四半期データを用いて二部門モデルと三部門モデルを推定し，有意な負の外部効果を確認している。ただし安藤（2002）では1980～1999年の年次データを用い，米国との同盟からのスピル・インを考慮した三部門モデルを推定しているが，外部効果は存在しないとの結論に達している。

　多重共線性の発生をリッジ回帰によって抑制する試みとしては Heo (1997) と Huang and Mintz (1991) があるが，多重共線性を発生する説明変数を標準化することでその抑制に成功しているのが本書第5章および第6章である。本書第5章では日米の年次データを用いて Feder-Ram モデルの二部門モデルを推定しているが，交差項を前期の GDP に対する今期の対前期比防衛支出増加額の比率と前期の防衛支出に対する非防衛支出の比率の交差項に書き換え，さらにそれらをそれぞれ標準化してから交差項を作成して推定した場合，分散増幅因子（VIF）は大きく低下することが明らかにされている。さらにその実証分析の結果から，日本だけでなく米国についても防衛部門経済から民生部門経済への外部効果は存在しないこと，しかし1期前の防衛支出の対 GDP 比 M_{-1}/Y_{-1} が日本の場合は0.78％以上0.90％以下のときのみ，米国の場合は3.91％以上8.65％以下のときのみ防衛支出拡大は経済成長率を押し上げることを明らかにしている。本書第6章では米国の1980年以降の四半期データを用い，第5章と同様の手法で多重共線性の抑制に成功するとともに誤差修正モデルを推定し，その推定結果から冷戦期には短期的均衡において防衛部門経済から民間部門経済への負の外部効果が存在したのに対してポスト冷戦期では防衛部門経済から民間部門経済への正の外部効果が存在すること，冷戦期であれポスト冷戦期であれ前期の GDP に対する防衛部門経済の拡大幅が大きければ大

きいほど米国のマクロ経済成長率はそれだけより一層大きくなることを明らかにしている。

3. 定式化

本章では安藤（1998a, 1998b, 1999）および Ando（2000）をはじめとする主要先行研究が用いている三部門モデル

$$\frac{\Delta Y}{Y_{-1}} = 定数項 + \alpha \frac{I}{Y_{-1}} + \beta \frac{\Delta L}{L_{-1}} + \delta'_n \frac{\Delta N}{Y_{-1}} + \theta_n \left[\frac{\Delta N}{N_{-1}}\right]\left[\frac{P_{-1}}{Y_{-1}}\right] + \delta'_m \frac{\Delta M}{Y_{-1}}$$

$$+ \theta_m \left[\frac{\Delta M}{M_{-1}}\right]\left[\frac{P_{-1}}{Y_{-1}}\right] \quad (7.1)$$

を用いる。なお (7.1) 式は第 3 項 $\Delta N/Y_{-1}$，第 5 項 $\Delta M/Y_{-1}$，第 4 項と第 6 項の交差項を構成する 4 つの分数 $\Delta N/N_{-1}$，P_{-1}/Y_{-1}，$\Delta M/M_{-1}$，P_{-1}/Y_{-1} は前章と同様に平均が 0，標準偏差が 1 となるよう標準化されるが，その比較対象としてまず各分数が標準化しないで (7.1) 式を推定する。ここで Y は実質GDP，I は実質民間投資，L は労働投入量（＝就業者数×総実労働時間指数），M は実質防衛支出，つまり，当該国の政府が国内においてであろうが海外においてであろうが購入した軍事財・サービス，兵士および文官が創り出した安全保障サービスの付加価値の総計，N は実質政府支出のうちの実質非防衛支出，P は Y から M と N を引いた実質民間支出であり，添え字の－1 は 1 期のラグを，Δ は前年から今年にかけての変化額を表している。また δ'_m は，民間部門経済の 2 つの生産要素の限界生産力に対する防衛部門経済のそれの比率が等しく $1+\delta_m$ で表されるとき，その差 δ_m を用いて

$$\delta'_m = \frac{\delta_m}{1+\delta_m} \quad (7.2)$$

と書き直されており，δ'_n は民間部門経済の 2 つの生産要素の限界生産力に対する政府非防衛部門経済防衛のそれの比率が等しく $1+\delta_n$ で表されるとき，その差 δ_n を用いて

$$\delta'_n = \frac{\delta_n}{1+\delta_n} \quad (7.3)$$

と書き直されている。ここで α は民間部門経済の資本の限界生産力, β はこれら民間部門経済の労働の実質限界生産力とマクロ経済全体の一人当たり実質平均産出高との間の線形関係を表すパラメータである。(7.1) 式における被説明変数が実質経済成長率であることからこの δ'_m と δ'_n はそれぞれ政府の防衛支出拡大と非防衛支出拡大が経済成長率にどのような影響を与えるのかを意味する。(7.1) 式における θ_m と θ_n はそれぞれ政府の防衛部門経済から民間部門経済への外部効果と政府の非防衛部門経済から民間部門経済への外部効果を表す。

4. 実証分析

4.1 記述統計

表 7.1 記述統計

期間	1980年Ⅱ－1991年Ⅳ($n=47$)				1992年Ⅰ－2010年Ⅰ($n=73$)			
変数	最小値	最大値	平均値	標準偏差	最小値	最大値	平均値	標準偏差
Y	-0.114	0.089	0.015	0.068	-0.080	0.061	0.002	0.039
X_1	0.208	0.349	0.277	0.035	0.185	0.317	0.250	0.031
X_2	-1.790	1.472	0.198	0.565	-2.696	1.635	-0.196	0.878
X_3	-0.018	0.018	0.001	0.011	-0.017	0.019	0.001	0.010
X'_3	-1.714	1.504	0.000	1.000	-1.703	1.752	0.000	1.000
X_4	-0.098	0.141	0.013	0.072	-0.092	0.130	0.007	0.058
X'_4	-1.111	3.845	0.426	1.112	-1.290	2.848	0.297	0.836
X_5	-0.003	0.003	0.000	0.001	-0.003	0.003	0.000	0.001
X'_5	-1.819	1.779	0.000	1.000	-1.925	2.235	0.000	1.000
X_6	-0.194	0.233	0.016	0.130	-0.204	0.309	0.011	0.124
X'_6	-2.770	2.165	-0.137	1.126	-2.799	2.354	-0.203	1.019

(出所) 筆者作成。

冷戦期 (1980年第2四半期～1991年第4四半期) とポスト冷戦期 (1992年第1四半期～2015年第3四半期) の各変数の記述統計は表 7.1 に示されている通りである。ここでは (7.1) 式における被説明変数と説明変数を次のように

4. 実証分析　183

改めて書き換えている。

$\dfrac{\Delta Y}{Y_{-1}} : Y$

$\dfrac{I}{Y_{-1}} : X_1$

$\dfrac{\Delta L}{L_{-1}} : X_2$

$\dfrac{\Delta N}{Y_{-1}} : X_3$

標準化された $\dfrac{\Delta N}{Y_{-1}} : X_3'$

$\left[\dfrac{\Delta N}{N_{-1}}\right] \times \left[\dfrac{P_{-1}}{Y_{-1}}\right] : X_4$

標準化された $\left[\dfrac{\Delta N}{N_{-1}}\right] \times$ 標準化された $\left[\dfrac{P_{-1}}{Y_{-1}}\right] : X_4'$

$\dfrac{\Delta M}{Y_{-1}} : X_5$

標準化された $\dfrac{\Delta M}{Y_{-1}} : X_5'$

$\left[\dfrac{\Delta M}{M_{-1}}\right] \times \left[\dfrac{P_{-1}}{Y_{-1}}\right] : X_6$

標準化された $\left[\dfrac{\Delta M}{M_{-1}}\right] \times$ 標準化された $\left[\dfrac{P_{-1}}{Y_{-1}}\right] : X_6'$

両期間の分割はソ連が崩壊した1991年末をもとに行った。データは内閣府『2009（平成21）年度　国民経済計算確報（2000年基準・93SNA）』，総務省『労働力調査　長期時系列データ』(http://www.stat.go.jp/data/roudou/longtime/03roudou.htm)の「月別結果　就業者（全産業）」，厚生労働省『毎月勤労統計調査　全国調査』の「産業別労働時間指数（総実労働時間）」，財務省『財政統計』(http://www.mof.go.jp/budget/reference/statistics/data.htm)から得た。実質化に当たっては2000年連鎖価格指数を用いている。防衛支出

の実質化に当たっては西川 (1984) にしたがって政府最終消費支出デフレータを 0.75, 公的総資本形成デフレータを 0.25 とする加重平均により算出した。この結果, 防衛支出の実質値が異なるため実質 GDP も実質民間支出, 実質政府部門非防衛支出と新たに算出された実質防衛支出を合計して算出されている。

4.2 単位根検定

表 7.2 ADF 検定の結果

期間	1980 年 II - 1991 年 IV ($n=47$)			1992 年 I - 2010 年 I ($n=73$)		
変数	定数項なし トレンドなし	定数項あり トレンドなし	定数項あり トレンドあり	定数項なし トレンドなし	定数項あり トレンドなし	定数項あり トレンドあり
Y	$I(1)$ ***	$I(0)$ **	$I(0)$ *	$I(0)$ **	$I(0)$ ***	$I(0)$ ***
X_1	$I(1)$ †	$I(2)$ ***	$I(2)$ ***	$I(0)$ *	$I(1)$ **	$I(0)$ *
X_2	$I(0)$ ***	$I(0)$ ***	$I(0)$ ***	$I(0)$ ***	$I(0)$ ***	$I(0)$ ***
X_3	$I(1)$ ***	$I(0)$ ***	$I(0)$ ***	$I(0)$ †	$I(0)$ *	$I(0)$ †
X'_3	$I(0)$ ***	$I(0)$ ***	$I(0)$ ***	$I(1)$ ***	$I(0)$ ***	$I(0)$ ***
X_4	$I(1)$ ***	$I(0)$ **	$I(0)$ *	$I(1)$ ***	$I(1)$ ***	$I(0)$ †
X'_4	$I(1)$ ***	$I(0)$ *	$I(0)$ †	$I(0)$ †	$I(1)$ ***	$I(1)$ ***
X_5	$I(1)$ ***	$I(0)$ ***	$I(0)$ ***	$I(0)$ ***	$I(0)$ ***	$I(0)$ ***
X'_5	$I(0)$ ***	$I(0)$ ***	$I(0)$ ***	$I(0)$ ***	$I(0)$ ***	$I(0)$ **
X_6	$I(1)$ ***	$I(0)$ ***	$I(0)$ ***	$I(0)$ *	$I(0)$ ***	$I(0)$ ***
X'_6	$I(0)$ †	$I(0)$ ***	$I(0)$ ***	$I(1)$ ***	$I(0)$ **	$I(0)$ ***

(注) 表中のカッコ内の数字は階差の次数を, ***, **, *および†はそれぞれ単位根ありとの帰無仮説を 0.1%, 1%, 5%および 10%で棄却できることを表している。

冷戦期およびポスト冷戦期における被説明変数と説明変数の ADF 検定による単位根検定を, 定数項とトレンドともになし, 定数項あり・トレンドなし, 定数項とトレンドともにありの 3 種類で行った。その結果は表 7.2 に示されている。冷戦期については X_2, X'_3, X'_5, X'_6 が, ポスト冷戦期については Y, X_2, X_3, X_5, X'_5, X_6 が 3 種類すべての ADF 検定においても次数 0 で単位根ありとの帰無仮説が棄却されているが, それ以外の変数はいずれかの ADF 検定で次数 1 で同帰無仮説が棄却され $I(1)$ となっている。したがって (7.1) 式の推定結果は見せかけの回帰である可能性がある。

4.3 実証分析の結果
4.3.1 従来の方法による推定結果

表 7.3 推定結果 (1)

推定期間	1980年II－1991年IV (n=47)			1992年I－2010年I (n=73)		
推定式番号	(7.1)			(7.2)		
変数	推定係数	t値	VIF	推定係数	t値	VIF
定数項	-0.19467	-4.743 ***		-0.09937	-2.658 **	
X_1	0.83067	5.231 ***	1.920	0.42158	2.912 **	1.320
X_2	0.00688	1.305	1.040	0.00661	2.125 *	1.050
X_3	-6.23272	-1.294	191.610	-11.43867	-3.950 ***	85.300
X_4	0.70545	0.884	203.718	1.77446	3.435 ***	76.780
X_5	159.67400	5.041 ***	129.635	48.00993	1.209	261.110
X_6	-2.00870	-5.991 ***	121.426	-0.65566	-1.456	239.980
adj. R^2		0.740			0.346	
SE		0.035			0.032	
DW		1.646			1.923	
BG_{LM}		20.161 ***			37.954 ***	
JB		0.131			0.358	
BP_{Hetero}		5.247			10.761 †	
W_{Hetero}		35.140			31.855	
F		22.791 ***			7.337 ***	

(注) 表中の***, **, *および†はそれぞれ0.1%, 1%, 5%および10%で有意であることを表している。

ここではまず多くの先行研究で従来から用いられてきた手法によって (7.1) 式を単純最小二乗法 (OLS) で推定する。従来の手法による三部門モデルの推定結果は表7.3に示されている。ここで adj. R^2 は自由度修正済み決定係数, SEは標準誤差, DWは Durbin-Watson 検定統計量, BG_{LM}は次数を4とする誤差項の系列相関を検定する Breusch-Godfrey のラグランジュ乗数 (LM) 検定統計量, JBは誤差項の正規分布を検定する Jarque-Bera 検定統計量, BP_{Hetero} と W_{Hetero} はそれぞれ誤差項の均一分散を検定する Breusch-Pagan 検定統計量と White 検定統計量, FはF検定統計量である。

冷戦期についてまずみよう。推定式番号 (7.1) では Durbin-Watson 検定統計量から誤差項に1次の系列相関がないとの帰無仮説を1%水準で棄却できないが Breusch-Godfrey の LM 検定の結果により誤差項に4次の系列相関なしとの帰無仮説を 0.1% 水準で有意に棄却することができる。Jarque-Bera 検

統計量は誤差項の分散が正規分布であるとの帰無仮説を棄却していない。よって誤差項の分散均一に関する帰無仮説が棄却されるかどうかについては Breusch-Pagan 検定統計量をみる。同検定統計量は誤差項の分散は均一であるとの帰無仮説が棄却していない。以上を受けて OLS により得られた係数の推定量を用いた Newey-West の一致性のある推定が行われている。X_1 は符号条件を満たして 0.1％水準で有意である。X_2 も符号条件を満たしてはいるが有意ではない。X_3 は負であるが有意ではない。政府非防衛部門経済から民間部門経済への外部効果を表す X_4 の推定係数は正であるが有意ではない。X_5 は 0.1％で有意な正であるが，その推定係数は 159.67 と常識的に考えて受容できるものではない。防衛部門経済から民間部門経済への外部効果を表す X_6 の推定係数は負でしかも 0.1％水準で有意であり，防衛部門経済が 1％拡大したときに民間部門経済は年率換算で約 8.32％縮小することを表している。自由度修正済み決定係数は 0.7 を超え，本モデルの説明力の高さを示している。F 検定統計量はすべての説明変数の推定係数が 0 であるとの帰無仮説を 0.1％水準で棄却している。

次にポスト冷戦期の推定結果について見よう。まず推定式番号 (7.2) では Durbin-Watson 検定統計量から誤差項に 1 次の系列相関がないとの帰無仮説を 1％水準で棄却できないが Breusch-Godfrey の LM 検定の結果により誤差項に 4 次の系列相関なしとの帰無仮説を 0.1％水準で有意に棄却することができる。Jarque-Bera 検定統計量は誤差項の分散が正規分布であるとの帰無仮説を棄却していない。よって誤差項の分散均一に関する帰無仮説が棄却されるかどうかについては Breusch-Pagan 検定統計量をみる。同検定統計量から誤差項の分散は均一であるとの帰無仮説を 10％水準で棄却できる。以上を受けてここでも Newey-West の一致性のある推定が行われている。X_1 は冷戦期と同様に符号条件を満たして 0.1％水準で有意であるが，その推定係数は冷戦期の約 2 分の 1 にまで低下している。X_2 は符号条件を満たして 5％水準で有意でとなっている。X_3 は 0.1％水準で有意な負であるが，1 期前の GDP に対する政府非防衛部門経済の変化額の比率が 1 ポイント増加することにより経済成長率が年率換算で約 45％ポイント低下することになり，この推定係数も受容することは難しい。冷戦期では有意ではなかった X_4 は 0.1％で有意な正であり

政府非防衛部門経済から民間部門経済への外部効果が存在し，政府非防衛部門経済が1%拡大したときに民間部門経済は年率換算で約7.09%拡大することを意味する。X_5は正であるが有意ではない。X_6は負で，10%水準でも有意ではないがそのt値の絶対値は1.46と被説明変数と弱い相関を示し，防衛部門経済が1%拡大したときに民間部門経済は年率換算で約2.62%縮小することを表している。自由度修正済み決定係数は低く，本モデルの説明力の低さを示している。F検定統計量はすべての説明変数の推定係数が0であるとの帰無仮説を0.1%水準で棄却している。

ただし冷戦期およびポスト冷戦期ともにX_3，X_4，X_5，X_6のVIFは1つの目安とされる10を大きく超えており多重共線性の発生が疑われる。

4.3.2 改善された手法による推定結果

4.2でみたようにすべての変数が$I(1)$ではなく3種類のADF検定すべてで$I(0)$という変数もあったため（7.1）式および（7.2）式の推定結果が見せかけの回帰である可能性を指摘した。また，4.3.1ではやはり推定に際して多重共線性の発生が疑われることも指摘した。よってここでは第6章と同様の手法を取り入れ，（7.1）式の第4項と第6項を構成する4つの分数を平均が0，標準偏差が1となるよう標準化する。そしてEngle and Granger（1989）の方法でまず被説明変数と説明変数間の長期的均衡関係を推定し，その誤差項に関して単位根検定を行う。もし誤差項が次数0で単位根ありとの帰無仮説を棄却できれば被説明変数と説明変数の間に共和分関係が存在することを意味するため（7.1）式を改めて書き直した以下の（7.4）式で表される被説明変数と説明変数間の長期的均衡関係

$$Y = 定数項 + a_1 X_1 + a_2 X_2 + a_3 X'_3 + a_4 X'_4 + a_5 X'_5 + a_6 X'_6 + \varepsilon \quad (7.4)$$

をOLSで推定し，その誤差項に関して単位根検定を行う。もし誤差項が次数0で単位根ありのと帰無仮説を棄却できれば被説明変数と説明変数の間に共和分関係が存在することを意味するため（6.4）式の1階の階差をとり，（6.4）式で得られた誤差項を加えた誤差修正モデル

$$\Delta Y = 定数項 + b_1 \Delta X_1 + b_2 \Delta X_2 + b_3 \Delta X'_3 + b_4 \Delta X'_4 + b_5 \Delta X'_5 + b_6 \Delta X'_6$$
$$+ \delta ECT_{-1} + e \quad (7.5)$$

を推定する。ここで ECT は誤差修正項、e は (6.5) 式の誤差項、ECT の右下の添え字である -1 は 1 期前を表す。

表 7.4 推定結果 (2)

推定期間	1980 年 II − 1991 年 IV ($n=47$)			1992 年 I − 2010 年 I ($n=73$)		
推定式番号	(7.3)			(7.4)		
変数	推定係数	t 値	VIF	推定係数	t 値	VIF
定数項	−0.196	−4.611 ***		−0.112	−3.289 **	
X_1	0.770	4.753 ***	1.858	0.440	3.377 **	1.191
X_2	0.003	0.429	1.031	0.007	2.323 *	1.029
X'_3	−0.011	−0.763	5.795	−0.019	−1.859 †	8.770
X'_4	−0.030	−2.194 *	9.435	0.012	1.076	7.280
X'_5	0.024	1.071	11.511	−0.023	−2.086 *	10.315
X'_6	−0.079	−4.964 ***	16.634	−0.008	−0.921	8.329
adj. R^2		0.732			0.379	
SE		0.035			0.031	
DW		1.861			1.985	
BG_{LM}		37.665 ***			37.665 ***	
JB		0.112			0.112	
BP_{Hetero}		10.380			10.380	
W_{Hetero}		48.307 **			48.308 **	
F		8.322 ***			24.436 ***	

(注) 表中の***、**、*および†はそれぞれ 0.1%、1%、5%および 10%で有意であることを表している。

冷戦期およびポスト冷戦期のデータを用いた (7.4) 式の推定結果は表 7.4 に示されている。推定係数は違いをわかりやすくするため小数点第 5 位まで示されている。まず冷戦期からみよう。Durbin-Watson 検定統計量から誤差項に 1 次の系列相関がないとの帰無仮説を 5% 水準でも棄却できないが Breusch-Godfrey の LM 検定の結果により誤差項に 4 次の系列相関なしとの帰無仮説を 1% 水準で有意に棄却することができる。Jarque-Bera 検定統計量は誤差項の分散が正規分布であるとの帰無仮説を棄却していないため誤差項の分散均一に関する帰無仮説が棄却されるかどうかについては Breusch-Pagan 検定統計量をみることとする。同検定統計量は誤差項の分散は均一であるとの帰無仮説を棄却していない。したがってここでは Newey-West の一致性のある推定が行われている。X'_5 と X'_6 の VIF はそれぞれ 10 を超えているがそれ以外の変数

については10を下回っており,おおむね多重共線性の発生は抑制されたといえる。標準化を施した4つの説明変数の推定係数の絶対値は改善前に比べて小さくなっている。X_1とX_2はともに符号条件を満たしているが前者が0.1％水準で有意であるのに対して後者は有意ではない。X'_3とX'_5はともに有意ではなく防衛部門であろうが被防衛部門であろうが前期のGDPに対する政府部門経済の拡大の比率を上昇させても日本の経済成長率には影響を及ぼさなかったことになる。防衛部門経済,政府非防衛部門経済それぞれから民間部門経済への外部効果を表すX'_4およびX'_6の推定係数はともに正で前者が5％水準で,後者が0.1％水準で有意である。したがって冷戦期には政府の防衛部門経済と非防衛部門経済から民間部門経済への負の外部効果が存在したことになる。自由度修正済み決定係数は0.7を超え,本モデルの説明力の高さを示している。F検定統計量はすべての説明変数の推定係数が0であるとの帰無仮説を0.1％水準で棄却している。

　ポスト冷戦期の推定結果は表7.4の推定式番号（7.4）に示されている。Durbin-Watson検定統計量から誤差項に1次の系列相関がないとの帰無仮説を5％水準でも棄却できないが,Breusch-GodfreyのLM検定の結果から誤差項に4次の系列相関なしとの帰無仮説を0.1％水準で棄却することができる。Jarque-Bera検定統計量は誤差項の分散が正規分布であるとの帰無仮説を棄却していないため誤差項の分散均一に関する帰無仮説が棄却されるかどうかについてはBreusch-Pagan検定統計量をみると,同検定統計量は誤差項の分散は均一であるとの帰無仮説を棄却していない。以上を受けてここでもNewey-Westの一致性のある推定が行われている。X'_5とX'_6のVIFはそれぞれ10を超えているがそれ以外の変数については10を下回っており,おおむね多重共線性の発生は抑制でしたと考えられる。X_1とX_2はそれぞれ1％水準と5％水準で有意であるが,前者は冷戦期と比べてその推定係数値が大きく低下している。X'_3とX'_5はともに負でそれぞれ10％水準と5％水準で有意である。したがって防衛部門経済であれ被防衛部門経済であれ政府部門経済の拡大幅が前期のGDPに対して上昇させれば日本の経済成長率は引下げられることを意味する。X'_4およびX'_6の推定係数はそれぞれ正と負であるがともに有意ではない。したがってポスト冷戦期については防衛部門経済からも政府非防衛部門経

済からも民間部門経済への外部効果は存在しないことになる。自由度修正済み決定係数は低く，本モデルの説明力の低さを示している。F 検定統計量はすべての説明変数の推定係数が 0 であるとの帰無仮説を 0.1％水準で棄却している。

表 7.5　誤差項の ADF 検定の結果

推定式番号	定数項あり トレンドなし	定数項あり トレンドあり
(7.3)	-6.186 **	-8.576 **
(7.4)	-0.396	-2.691

(注) 有意水準は Davidson and MacKinnon (1993, p.722, Table 20.2) による。ただし同表では定数項とトレンドがともにない単位根検定の有意水準は示されていない。

ここで Engle and Granger (1989) の方法で共和分検定を行なう。推定式番号 (7.3) と (7.4) の誤差項に関して行なった ADF 検定による単位根検定の結果は表 6.5 に示されている。(7.3) 式は 2 種類の ADF 検定の結果から誤差項が $I(0)$ であるとの帰無仮説は棄却されており，変数間に共和分関係が存在すると考えられる。その一方で (7.4) 式については 2 種類の ADF 検定の結果から誤差項が $I(0)$ であるとの帰無仮説は棄却されていない。

表 7.6　Johansen の共和分検定の結果（トレース統計量）

推定式番号	共和分の数に関する帰無仮説						
	$r=0$	$r\leq 1$	$r\leq 2$	$r\leq 3$	$r\leq 4$	$r\leq 5$	$r\leq 6$
(6.3)	309.142 ***	173.021 ***	121.233 ***	76.738 ***	41.226 **	19.194 *	0.232
(6.4)	441.442 ***	277.981 ***	175.784 ***	105.897 ***	53.392 ***	23.885 **	0.006

(注) 表中の***，**および*はそれぞれ 0.1％，1％および 5％でそれぞれの共和分の数に関する帰無仮説が棄却されることを表している。

ここで両式の変数間に共和分関係が存在するかどうかをみるために Johansen (1988) の共和分検定を行なった[1]。Johansen の共和分検定の結果は表 6.6 に示されている。ともに共和分の数は 6 個が支持されている。以上の共和分検定を受けて次に (6.5) 式で表される ECM を推定する。

1　ベクトル自己回帰（VAR）の次数は (7.3) 式が 1 次のみ，(7.4) 式が 1 次と 2 次である。

表 7.7 推定結果 (3)

推定期間	1980年II－1991年IV (n=47)			1992年I－2010年I (n=73)		
推定式番号	(7.5)			(7.6)		
変数	推定係数	t値	VIF	推定係数	t値	VIF
定数項	-0.001	-0.294		0.003	1.379	
ΔX_1	1.900	15.204 ***	3.368	1.856	24.635 ***	2.782
ΔX_2	-0.001	-0.537	1.080	0.002	1.452	1.155
$\Delta X'_3$	-0.006	-1.029	7.488	-0.017	-7.770 ***	12.731
$\Delta X'_4$	-0.028	-5.020 ***	12.410	0.008	2.350 *	9.474
$\Delta X'_5$	0.014	1.916 †	17.000	-0.006	-2.159 *	14.146
$\Delta X'_6$	-0.048	-7.125 ***	28.531	-0.002	-0.521	11.270
ECT_{-1}	-0.553	-4.689 ***	1.318	-0.493	-7.350 ***	1.518
adj. R^2		0.953			0.945	
SE		0.022			0.013	
DW		1.607			1.614	
BG_{LM}		17.626 **			10.678 *	
JB		1.053			33.196 ***	
BP_{Hetero}		6.945			9.298	
W_{Hetero}		36.648			52.577 *	
F		162.416 ***			173.965 ***	

(注) 表中の***, **, *および†はそれぞれ 0.1%, 1%, 5%および10%で有意であることを表している。

冷戦期とポスト冷戦期における短期的均衡を表すECMの推定結果は表7.7に示されている。推定式番号 (7.5) においても (7.6) においてもECTは0.1%水準で有意な負である。まず冷戦期についてみよう。Durbin-Watson 検定統計量は誤差項に1次の系列相関がないとの帰無仮説を1%水準でも5%水準でも棄却できるかどうか判断できない。ただし Breusch-Godfrey のLM検定統計量は誤差項に4次の系列相関なしとの帰無仮説を1%で棄却している。Jarque-Bera 検定統計量は誤差項の分散が正規分布であるとの帰無仮説を棄却していないので誤差項の分散均一に関する帰無仮説が棄却されるかどうかについては Breusch-Pagan 検定統計量をみる。同検定統計量は誤差項の分散は均一であるとの帰無仮説を棄却していない。VIFは $\Delta X'_3$, $\Delta X'_4$ と $\Delta X'_5$ がすべて10を超えている。ΔX_1 は符号条件を満たし，0.1%水準で有意であるが ΔX_2 は符号条件を満たさず，しかも有意ではない。$\Delta X'_3$ および $\Delta X'_5$ はそれぞれ負と正の符号を示し，前者が有意ではないのに対して後者は10%水準で有意

である。したがって冷戦期では政府が前期の GDP に対する防衛部門経済拡大幅を引き上げることで日本の経済成長率を上昇させることができていたが前期の GDP に対する政府非防衛部門経済拡大幅を引き上げても日本の経済成長率には何ら影響を与えなかったことになる。短期的均衡における政府非防衛部門経済から民間部門経済への外部効果を表す $\Delta X'_4$ は 0.1％水準で有意な負であり，政府非防衛部門経済が 1％拡大したときに民間部門経済は年率換算で約 0.11％縮小したことを表している。$\Delta X'_6$ の推定係数についても 0.1％水準で有意な負であり，冷戦期には防衛部門経済から民間部門経済への外部効果が存在し，防衛部門経済が 1％拡大したときに民間部門経済は年率換算で約 0.19％縮小したことを表している。自由度修正済み決定係数は 0.9 を超え，本モデルの説明力は長期的均衡を表す (6.4) 式よりも高いことを表している。F 検定統計量は 0.1％水準ですべての説明変数が 0 であるとの帰無仮説を棄却している。

次にポスト冷戦期をみよう。Durbin-Watson 検定統計量から誤差項に 1 次の系列相関がないとの帰無仮説を 1％水準でも 5％水準でも棄却できるかどうか判定ができないが Breusch-Godfrey の LM 検定の結果から誤差項に 4 次の系列相関なしとの帰無仮説を 5％水準で有意に棄却することができる。Jarque-Bera 検定統計量は誤差項の分散が正規分布であるとの帰無仮説を 0.1％水準で棄却しており，したがって誤差項の分散均一に関する帰無仮説が棄却されるかどうかについては White 検定統計量をみることとする。同検定統計量は誤差項の分散は均一であるとの帰無仮説を 5％水準で棄却している。以上からここでも Newey-West の一致性のある推定が行われている。ΔX_1 および ΔX_2 はともに符号条件を満たしているが前者が 0.1％水準で有意であるのに対して後者は有意ではない。しかし ΔX_2 の推定係数の t 値は 1.45 程度で被説明変数と弱い相関を示している。$\Delta X'_3$ および $\Delta X'_5$ はともに負の符号を示して 0.1％水準で有意である。このことは前期の GDP に対する非防衛部門であれ防衛部門であれ政府部門経済の変化額の比率を引き上げてしまうと経済成長率が低下することを意味する。$\Delta X'_4$ は 5％水準で有意な正であり，ポスト冷戦期においては政府非防衛部門から民間部門経済への負の外部効果が存在することになる。$\Delta X'_6$ の符号は正であるが有意ではなく，したがってポスト冷戦期では冷戦期とは異なり短期的均衡において防衛部門経済から民間部門経済

への外部効果は存在しないことを表している。自由度修正済み決定係数は0.9を超え，(7.4) 式に比べて本モデルの説明力が高いことを示している。VIFは $\Delta X'_3$, $\Delta X'_5$ および $\Delta X'_6$ が10を上回っている。

5. 結論

　本章では日本の1980年以降の四半期データを用い，Feder-Ramモデルを推定して防衛部門経済の外部効果と，その推定結果から得られる防衛支出1％の拡大が経済成長にもたらす効果を実証的に考察した。その結果明らかにされたことは次の通りである。第1に，本書第6章と同様にFeder-Ramモデルでは誤差修正モデルが有効であることが明らかにされた。第2に，VIFが高くなる傾向のある交差項を構成する4つの分数を標準化することである程度は多重共線性の発生を抑制できることが明らかにされた。この手法が正しければ先行研究で示されてきた防衛部門経済の外部効果は，それが正であれ負であれ，かなり過大評価されてきたことになる。そして第3に，冷戦期では長期的均衡においても短期的均衡においても防衛部門経済から民間部門経済への負の外部効果が存在していたが，ポスト冷戦期では短期的均衡であれ長期的均衡であれもはや防衛部門経済の外部効果は存在しなくなっていることが明らかにされた。ポスト冷戦期の短期的均衡においては政府非防衛部門経済から民間部門経済への正の外部効果が存在することも同時に明らかにされたが，このことを併せて考えるならば政府は限られた予算をより非防衛部門に配分することが望ましいということになる。さらに，第4に，ポスト冷戦期では短期的均衡でも長期的均衡でも前期から今期にかけての防衛部門経済の拡大幅，つまり防衛支出の増加額を前期のGDPに対して1％ポイント引き上げると日本の経済成長率は年率換算で約0.02％程度低下することが明らかになった。

　ただし，Feder-Ramモデルにはいくつか疑問符がつく点もある。たとえば冷戦期の短期的均衡において防衛部門経済，すなわち防衛支出を拡大することで一方では民間部門経済に対して負の影響を及ぼしながら他方においては経済全体の成長率を押し上げることを示唆しているが，本当にこのようなことがあ

りうるかは疑問である。また，ケインズ経済学的な観点からいえば，たとえばポスト冷戦期において政府が非防衛部門，すなわち民生支出の増加が前期のGDP に占める割合を引き上げると経済全体の成長率は負の影響を被るとの推定結果が示されているが本当にそのようなことがありえるのかという点についても疑問が残る。

　防衛部門経済から民間部門経済への外部効果が需要効果，供給効果，安全保障効果のいずれかもしくはその任意の組み合わせなのかは残念ながらこのモデルでは明確ではない。防衛支出の経済効果は上でも述べたように研究開発の成果がタイムラグをともなって民生部門にスピン・オフすることも考えられる。その意味では Dunne, Smith and Willenbockel (2005) や Heo (2010) が主張するように拡張版 Solow モデルを推定する方が望ましいと言える。

第7章補論
日本における防衛部門経済と経済成長
―四半期データを用いた単純傾斜アプローチからの冷戦期と
ポスト冷戦期の比較研究―

1. 序論

　本補論の目的は1980年以降の日本の四半期データを用い，推定期間を冷戦期とポスト冷戦期に分割して第6章および第6章補論で用いた手法によりFeder-Ramモデルの三部門モデルを推定し，防衛部門経済の外部効果と防衛支出拡大の経済成長への影響に変化があったのかを実証的検証することである。具体的には本補論では第6章補論と同様に共和分分析を適用せず，単純傾斜アプローチから δ'_m の単純傾斜とその t 値を計算し，防衛支出が経済成長率にどのような影響を及ぼすのかを示す。ただし被説明変数と説明変数は第6章とかなり重複するので記述統計や単位根検定の結果の一部は第7章のものと同じである。

2. 定式化

　本補論では第4章および第6章補論で用いている三部門モデル

$$\frac{\Delta Y}{Y_{-1}} = 定数項 + \alpha \frac{I}{Y_{-1}} + \beta \frac{\Delta L}{L_{-1}} + \delta'_n \frac{\Delta N}{Y_{-1}} + \theta_n \left[\frac{\Delta N}{Y_{-1}}\right]\left[\frac{P_{-1}}{N_{-1}}\right] + \delta'_m \frac{\Delta M}{Y_{-1}}$$

$$+ \theta_m \left[\frac{\Delta M}{Y_{-1}}\right]\left[\frac{P_{-1}}{M_{-1}}\right] \quad (7.6)$$

を用いる。なお (7.6) 式における第3項 $\Delta N/Y_{-1}$，第5項 $\Delta M/Y_{-1}$，第4項と

第6項の交差項を構成する4つの分数 $\Delta N/Y_{-1}$, P_{-1}/N_{-1}, $\Delta M/Y_{-1}$, P_{-1}/M_{-1} は平均が0，標準偏差が1となるよう標準化される。ここで Y は実質 GDP，I は実質民間投資，L は労働投入量（＝非農業民間部門総労働者数×週平均労働時間），M は実質防衛支出，つまり，当該国の政府が国内においてであろうが海外においてであろうが購入した軍事財・サービス，兵士および文官が創り出した安全保障サービスの付加価値の総計，N は実質政府支出のうちの実質非防衛支出，P は Y から M と N を引いた実質民間支出であり，添え字の -1 は1期のラグを，Δ は前年から今年にかけての変化額を表している。また δ'_m は，民間部門経済の2つの生産要素の限界生産力に対する防衛部門経済のそれの比率が等しく $1+\delta_m$ で表されるとき，その差 δ_m を用いて

$$\delta'_m = \frac{\delta_m}{1+\delta_m} \quad (7.7)$$

と書き直されており，δ'_n は民間部門経済の2つの生産要素の限界生産力に対する政府非防衛部門経済のそれの比率が等しく $1+\delta_n$ で表されるとき，その差 δ_n を用いて

$$\delta'_n = \frac{\delta_n}{1+\delta_n} \quad (7.8)$$

と書き直されている。ここで α は民間部門経済の資本の限界生産力，β はこれらその労働の実質限界生産力とマクロ経済全体の一人当たり実質平均産出高との間の線形関係を表すパラメータである。(7.6) 式における被説明変数が実質経済成長率であることからこの δ'_m と δ'_n はそれぞれ政府の防衛支出拡大と非防衛支出拡大が経済成長率にどのような影響を与えるのかを意味する。(7.6) 式における θ_m と θ_n はそれぞれ政府の防衛部門経済から民間部門経済への外部効果と政府の非防衛部門経済から民間部門経済への外部効果を表す。

3. 実証分析

3.1 記述統計

表 C 7.1　記述統計

期間	1980年II－1991年IV (n=47)				1992年I－2010年I (n=73)			
変数	最小値	最大値	平均値	標準偏差	最小値	最大値	平均値	標準偏差
Y	-0.114	0.089	0.015	0.068	-0.080	0.061	0.002	0.039
X_1	0.208	0.349	0.277	0.035	0.185	0.317	0.250	0.031
X_2	-1.790	1.472	0.198	0.565	-2.696	1.635	-0.196	0.878
X_3	-1.714	1.504	0.000	1.000	-1.703	1.752	0.000	1.000
X_4	-0.995	3.749	0.661	1.152	-1.577	4.378	0.348	1.048
X_5	-1.819	1.779	0.000	1.000	-1.925	2.235	0.000	1.000
X_6	-0.526	3.504	0.649	0.859	-0.508	2.928	0.712	0.729

（出所）筆者作成。

冷戦期（1980年第1四半期～1991年第4四半期）とポスト冷戦期（1992年第1四半期～2015年第3四半期）の各変数の記述統計は表 C 6.1 に示されている通りである。ここでは（6.6）式における被説明変数と説明変数を次のように改めて書き換えている。

$$\frac{\mathit{\Delta} Y}{Y_{-1}} : Y$$

$$\frac{I}{Y_{-1}} : X_1$$

$$\frac{\mathit{\Delta} L}{L_{-1}} : X_2$$

標準化された $\dfrac{\mathit{\Delta} N}{Y_{-1}} : X_3$

標準化された $\left[\dfrac{\mathit{\Delta} N}{N_{-1}}\right] \times$ 標準化された $\left[\dfrac{P_{-1}}{Y_{-1}}\right] : X_4$

標準化された $\dfrac{\mathit{\Delta} M}{Y_{-1}} : X_5$

標準化された $\left[\dfrac{\varDelta M}{M_{-1}}\right]$ ×標準化された $\left[\dfrac{P_{-1}}{Y_{-1}}\right]$ ：X_6

両期間の分割はソ連が崩壊した1991年末の前後で行った。データは内閣府『2009（平成21）年度　国民経済計算確報（2000年基準・93SNA）』、総務省『労働力調査　長期時系列データ』(http://www.stat.go.jp/data/roudou/longtime/03roudou.htm) の「月別結果　就業者（全産業）」、厚生労働省『毎月勤労統計調査　全国調査』の「産業別労働時間指数（総実労働時間）」、財務省『財政統計』(http://www.mof.go.jp/budget/reference/statistics/data.htm) から得た。実質化に当たっては2000年連鎖価格指数を用いている。防衛支出の実質化に当たっては西川（1984）にしたがって政府最終消費支出デフレータを0.75、公的総資本形成デフレータを0.25とする加重平均により算出した。この結果、防衛支出の実質値が異なるため実質GDPも実質民間支出、実質政府部門非防衛支出と新たに算出された実質防衛支出を合計して算出されている。

3.2　単位根検定

表C 7.2　ADF検定の結果

期間	1980年II－1991年IV (n=47)			1992年I－2010年I (n=73)		
変数	定数項なし トレンドなし	定数項あり トレンドなし	定数項あり トレンドあり	定数項なし トレンドなし	定数項あり トレンドなし	定数項あり トレンドあり
Y	$I(1)$ ***	$I(0)$ **	$I(0)$ *	$I(0)$ **	$I(0)$ ***	$I(0)$ ***
X_1	$I(1)$ †	$I(2)$ ***	$I(2)$ ***	$I(0)$ *	$I(1)$ **	$I(0)$ *
X_2	$I(0)$ ***	$I(0)$ ***	$I(0)$ ***	$I(0)$ ***	$I(0)$ ***	$I(0)$ ***
X_3	$I(0)$ ***	$I(0)$ ***	$I(0)$ ***	$I(1)$ ***	$I(0)$ ***	$I(0)$ ***
X_4	$I(1)$ ***	$I(1)$ ***	$I(0)$ ***	$I(0)$ *	$I(1)$ ***	$I(0)$ ***
X_5	$I(0)$ ***	$I(0)$ ***	$I(0)$ ***	$I(0)$ ***	$I(0)$ ***	$I(0)$ **
X_6	$I(1)$ ***	$I(1)$ ***	$I(1)$ ***	$I(1)$ ***	$I(0)$ *	$I(0)$ †

（注）表中の***、**、*および†はそれぞれ単位根ありとの帰無仮説を0.1%、1%、5%および10%で棄却できることを表している。

拡張版Dickey-Fuller検定（ADF検定）の結果は表C 7.2に示されている。冷戦期についてはX_2、X_3、X_5が、ポスト冷戦期についてはY、X_2、X_5が3種類すべてのADF検定においても次数0で単位根ありとの帰無仮説が棄却されているが、それ以外の変数はいずれかのADF検定で次数1もしくは2で同

帰無仮説が棄却され $I(1)$ もしくは $I(2)$ となっている。したがって本補論においても (7.6) 式の推定結果は見せかけの回帰の可能性がある。

3.3 推定結果

表C 7.3　推定結果

推定期間	1980年II～1991年IV (n=47)			1992年I～2010年I (n=73)		
変数	推定係数	t値	VIF	推定係数	t値	VIF
定数項	-0.195	-4.862 ***		-0.106	-2.927 **	
X_1	0.816	5.237 ***	1.851	0.432	3.096 **	1.251
X_2	0.007	1.281	1.041	0.007	2.156 *	1.046
X'_3	-0.017	-1.842 †	4.097	-0.020	-2.855 **	6.427
X'_4	0.006	1.109	1.897	0.014	3.765 ***	1.268
X'_5	-0.030	-2.767 **	4.125	-0.016	-2.196 *	6.055
X'_6	-0.030	-5.697 ***	1.326	-0.006	-1.144	1.185
adj. R^2		0.737			0.367	
SE		0.035			0.031	
DW		1.698			1.962	
BG_{LM}		19.755 ***			37.202 ***	
JB		0.158			0.095	
BP_{Hetero}		5.941			11.123 †	
W_{Hetero}		35.655			34.068	
F		22.487 ***			7.969 ***	

(注) 表中の***，**，*および†はそれぞれ0.1％，1％，5％および10％で有意であることを表している。

(7.6) 式の推定結果は表C 7.3 に示されている。ここで adj. R^2 は自由度修正済み決定係数，SE は標準誤差，DW は Durbin-Watson 検定統計量，BG_{LM} は次数を4とする誤差項の系列相関を検定する Breusch-Godfrey のラグランジュ乗数（LM）検定統計量，JB は誤差項の正規分布を検定する Jarque-Bera 検定統計量，BP_{Hetero} と W_{Hetero} はそれぞれ誤差項の均一分散を検定する Breusch-Pagan 検定統計量と White 検定統計量，F は F 検定統計量である。

冷戦期についてまずみよう。Durbin-Watson 検定統計量から誤差項に1次の系列相関がないとの帰無仮説を1％水準では棄却できないが5％水準では棄却できるかどうか判定ができない。Breusch-Godfrey の LM 検定の結果により誤差項に4次の系列相関なしとの帰無仮説を0.1％水準で棄却することがで

きる。Jarque-Bera 検定統計量は誤差項の分散が正規分布であるとの帰無仮説を棄却していない。よって誤差項の分散均一に関する帰無仮説が棄却されるかどうかについては Breusch-Pagan 検定統計量をみると同検定統計量は誤差項の分散は均一であるとの帰無仮説が棄却していない。以上を受けてここでは Newey-West の一致性のある推定が行われている。X_1 と X_2 はともに符号条件を満たしているが有意なのは前者だけである。X_4 および X_6 はそれぞれ政府非防衛部門経済から民間部門経済への外部効果と防衛部門経済から民間部門経済へのそれを表し，前者は正，後者は負であるが有意なのは X_6 だけである。したがって防衛部門経済から民間部門経済への外部効果のみ存在し，その弾性値は年率換算で 0.12，つまり防衛部門家材が 1％拡大すれば民間部門経済は年率 0.12％縮小していたことになる。F 検定統計量は説明変数のすべての推定係数が 0 であるとの帰無仮説を 0.1％水準で棄却している。

次にポスト冷戦期をみよう。Durbin-Watson 検定統計量から誤差項に 1 次の系列相関がないとの帰無仮説を 1％水準でも 5％水準でも棄却できないが Breusch-Godfrey の LM 検定統計量は誤差項に 4 次の系列相関なしとの帰無仮説を 0.1％水準で棄却しいる。Jarque-Bera 検定統計量は誤差項の分散が正規分布であるとの帰無仮説を 10％水準で棄却しているので誤差項の分散均一に関する帰無仮説が棄却されるかどうかについては White 検定統計量をみる。同検定統計量は誤差項の分散は均一であるとの帰無仮説が棄却していない。したがってここでも Newey-West の一致性のある推定が行なわれている。X_1 と X_2 はともに符号条件を満たしてそれぞれ 1％水準と 5％水準で有意である。X_4 は正で 0.1％水準で有意である。このことは冷戦期とは異なってポスト冷戦期において政府非防衛部門経済から民間部門経済への外部効果が存在し，その弾性値が約 0.06 であることを意味する。また X_6 は冷戦期と同じく負の符号を示しているが有意ではなく，冷戦期に存在した負の外部効果はなくなっている。

冷戦期およびポスト冷戦期ともに分散増幅因子（VIF）については 1 つの目安とされる 10 を超える説明変数はなく，多重共線性の発生は抑制されたと考えることができる。

3. 実証分析　201

3.4 δ'_n および δ'_m の単純傾斜

図C 7.1　δ'_n とその t 値（冷戦期）

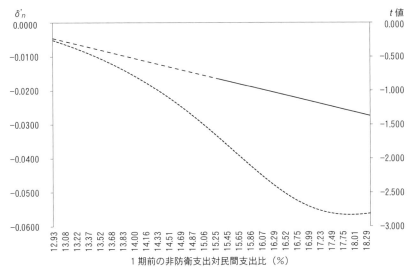

図C 7.2　δ_n（冷戦期）

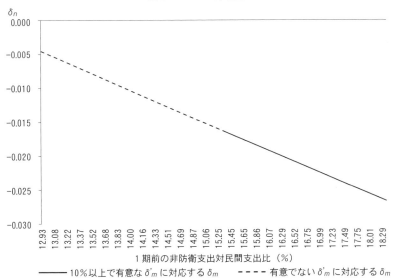

202　第7章補論　日本における防衛部門経済と経済成長

　冷戦期の推定結果から得られた δ'_n とその t 値は図C 7.1 に示されている。まず冷戦期からみよう。期間中1期前の政府非防衛支出の対民間支出比 N_{-1}/P_{-1} は 12.93％以上 18.38％以下であり，δ'_n が 10％以上の水準で有意にゼロと異ならないのは N_{-1}/P_{-1} が 15.33％以上 18.38％以下のときである[1]。N_{-1}/P_{-1} がこの範囲にあるとき δ'_n は -0.02732 以上 -0.01654 以下の負の値をとり N_{-1}/P_{-1} の上昇とともに低下する。説明変数の $\Delta N/Y_{-1}$ は標準化されているので，政府非防衛支出の対民間支出に対する比率 N_{-1}/P_{-1} がこの範囲にあるときには $\Delta N/Y_{-1}$ が1標準偏差だけ上昇するとこの有意な δ'_n の値だけ経済成長率が押し上げられることを意味する。δ'_n から得られた δ_n のグラフは図C 7.2 に示されている。δ_n は政府非防衛支出の対民間支出に対する比率 N_{-1}/P_{-1} が 15.33％以上 18.38％以下のとき -0.02660 以上 -0.016278 以下の範囲をとり，この値の絶対値分だけ政府の非防衛部門経済の生産要素の限界生産力は民間部門のそれを各値だけ下回っていたことになる。

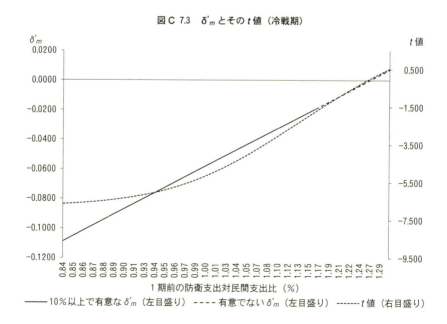

図C 7.3　δ'_m とその t 値（冷戦期）

1　N_{-1}/P_{-1} が 18.38％以上のときでも δ'_n が 10％以上で有意になる可能性はある。

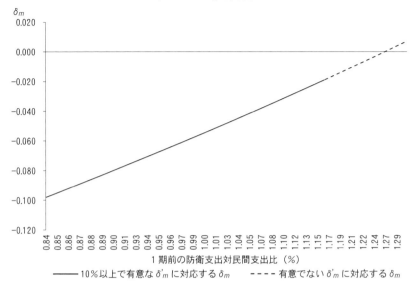

図 C 7.4　δ_m（冷戦期）

凡例: ──── 10%以上で有意な δ'_m に対応する δ_m　　---- 有意でない δ'_m に対応する δ_m

　冷戦期の推定結果から得られた δ'_m とその t 値は図 C 7.3 に示されている。冷戦期における1期前の防衛支出の対民間支出比 M_{-1}/P_{-1} は 0.84％以上 1.31％以下であった。δ'_m が 10％以上の水準で有意にゼロと異ならないのは同比率が 0.84％以上 1.16％以下のときであり，このとき δ'_m は -0.10845 以上 -0.01920 以下の範囲をとり，M_{-1}/P_{-1} の上昇とともに上昇する。説明変数の $\Delta M/Y_{-1}$ は標準化されているので，M_{-1}/P_{-1} が 0.84％以上 1.16％以下であるとき，$\Delta M/Y_{-1}$ が1標準偏差だけ上昇するとこの有意な δ'_m の値の絶対値分だけ経済成長率が押し下げられたことを意味する。δ'_m から得られた δ_m のグラフは図 C 7.4 に示されている。δ_m は M_{-1}/P_{-1} が 0.84％以上 1.16％以下の範囲にあって δ'_m が有意となるとき -0.09783 以上 -0.01884 以下の範囲をとる。つまり冷戦期においてはこの値だけこのとき政府の非防衛部門経済の生産要素の限界生産力は民間部門のそれを各値の絶対値分だけ下回っていたことになる。

204　第7章補論　日本における防衛部門経済と経済成長

図C 7.5　δ'_nとそのt値（ポスト冷戦期）

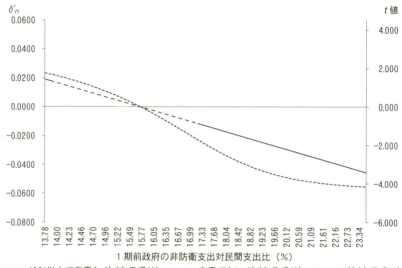

図C 7.6　δ_n（ポスト冷戦期）

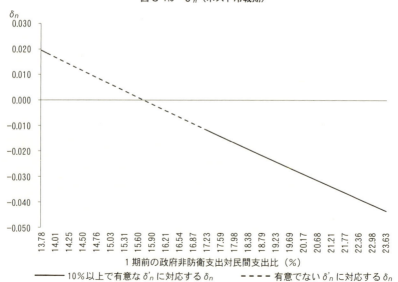

3. 実証分析

ポスト冷戦期の推定結果から得られた δ'_n とその t 値は図 C 7.5 に示されている。推定期間中 1 期前の政府非防衛支出の対民間支出比 N_{-1}/P_{-1} は 13.78％以上 22.67％以下であり，δ'_n が 10％以上の水準で有意にゼロと異ならないのは N_{-1}/P_{-1} が 13.78％以上 13.87％以下のときと 17.21％以上 23.67％以下のときである[2]。N_{-1}/P_{-1} が前者の範囲にあるとき δ'_n は 0.01822 以上 0.01992 以下の正の値をとり，N_{-1}/P_{-1} が 17.21％以上 23.67％以下の範囲にあるとき δ'_n は -0.04532 以上 -0.01154 以下の負の値をとり，それぞれ N_{-1}/P_{-1} の上昇とともに低下する。説明変数の $\Delta N/Y_{-1}$ は標準化されているので，政府非防衛支出の対民間支出に対する比率 N_{-1}/P_{-1} が 13.78％以上 13.87％以下と 17.21％以上 23.67％以下の範囲にあるときには $\Delta N/Y_{-1}$ が 1 標準偏差だけ上昇するとこの有意な δ'_n の値の絶対値分だけ経済成長率が押下げられることを意味する。δ'_n から得られた δ_n のグラフは図 C 7.6 に示されている。δ_n は政府非防衛支出の対民間支出に対する比率 N_{-1}/P_{-1} が 13.78％以上 13.87％以下のとき 0.01856 以上 0.01960 以下の範囲を，そして N_{-1}/P_{-1} が 17.21％以上 23.67％以下のとき -0.04335 以上 -0.01141 以下の範囲をとる。つまり冷戦期においては N_{-1}/P_{-1} が 13.78％以上 13.87％以下のときこの値の絶対値分だけこのとき政府の非防衛部門経済の生産要素の限界生産力は民間部門のそれを各値だけ上回り，N_{-1}/P_{-1} が 17.21％以上 23.67％以下のとき政府の非防衛部門経済の生産要素の限界生産力は民間部門のそれをその値の絶対値分だけ下回っていたことになる。

2　N_{-1}/P_{-1} が 13.78％以下や 23.67％以上のときでも δ'_n が 10％以上で有意になる可能性はある。

206　第7章補論　日本における防衛部門経済と経済成長

図C 7.7　δ'_m とその t 値（ポスト冷戦期）

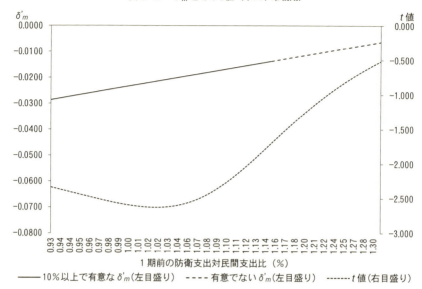

―― 10%以上で有意な δ'_m（左目盛り）　　---- 有意でない δ'_m（左目盛り）　　------- t 値（右目盛り）

図C 7.8　δ_m（ポスト冷戦期）

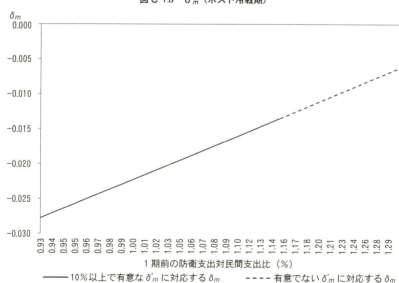

―― 10%以上で有意な δ'_m に対応する δ_m　　---- 有意でない δ'_m に対応する δ_m

ポスト冷戦期の推定結果から得られた δ'_m と δ_m はそれぞれ図 C 7.7 および図 C 7.8 に示されている。この期間，1 期前における防衛支出の対民間支出比 M_{-1}/P_{-1} は 0.93％以上 1.31％以下の範囲をとり，これに対応して δ'_m は -0.02851 以上 -0.00626 以下の範囲をとっている。ただし，δ'_m が 10％で有意となるのは同比率が 0.93％以上 1.15％以下の範囲に限られ，このとき δ'_m は -0.02851 以上 -0.01366 以下の範囲をとり，1 期前の防衛支出の対民間支出比 M_{-1}/P_{-1} の上昇とともに上昇する。したがって M_{-1}/P_{-1} が 0.93％以上 1.15％以下であるとき，$\Delta M/Y_{-1}$ が 1 標準偏差（0.0013839）だけ上昇するとこの有意な δ'_m の絶対値分だけ経済成長率が押し下げられることを意味する。有意な δ'_m に対応する δ_m の最小値は -0.02772，最大値は -0.01348 であり，この同比率がこの範囲にあるときのみ防衛部門経済の生産要素の限界生産力がこれらの絶対値分だけ民間部門経済のそれを下回ることになる。

4. 結論

本補論では日本の 1980 年第 1 四半期から 2015 年第 3 四半期までのデータを用い，冷戦期とポスト冷戦期に分けて Feder–Ram モデルの三部門モデルを推定した。その際，先行研究でしばしば指摘されてきた多重共線性発生を抑制するため，第 5 章および第 6 章補論で用いられた分析手法を踏襲して説明変数に含まれる交差項をあらためて書き直し，そこに含まれる 6 個の分数を標準化した。また，交差項を構成する 2 つの分数は連続変数であるがその一方をあえて 0.01 を間隔とする離散変数に作り替え，この変数を 0.01 ずつ変化させて説明変数の 1 つでもある交差項を構成するもう一方の分数の推定係数と t 値を求めた。その結果，第 1 に，日本経済は冷戦期において防衛部門経済から民間部門経済への負の外部効果が存在したがポスト冷戦期にはそれは存在しないことが明らかになった。ポスト冷戦期にあるのは政府非防衛部門経済から民間部門経済への正の外部効果である。第 2 に，防衛支出拡大は冷戦期においては防衛支出の対民間支出比が 0.84％以上 1.16％以下のとき，そしてポスト冷戦期では同比率が 0.93％以上 1.31％以下の範囲であれば経済成長を押し下げる効果を持つ

ていた。これは逆にいえば防衛支出を削減することで経済成長率は押し上げ効果を持つことを意味する。ただし算出された δ'_m の絶対値は冷戦期よりもポスト冷戦期の方が小さくなっている。以上の2点を考慮するのであれば政府は限られた予算を防衛支出にではなく非防衛支出により多く配分することが望ましいという政策的インプリケーションが導出される。

　Engle and Granger (1989) の方法による共和分検定に用いられる (7.6) 式の推定結果の誤差項に関する単位根検定の結果と Johansen (1988) の共和分検定の結果はそれぞれ表 A 7.1 および表 A 7.2 に示されている。冷戦期であれポスト冷戦期であれその ADF 検定の結果は2種類ともに単位根ありとの帰無仮説を棄却していないが Johansen の共和分検定の結果は共和分の数が冷戦期については5個，ポスト冷戦期については6個であることが支持されている。少なくとも Johansen の共和分検定の結果は本補論における (7.6) 式の推定結果が見せかけの回帰となっていることを示唆しており，第5章および第6章のような共和分分析を経て誤差修正モデルを推定する方が望ましいと考えられる。

Appendices

表 A 7.1　誤差項の ADF 検定の結果

推定期間	定数項あり トレンドなし	定数項あり トレンドあり
1980年I～1991年IV	-0.758	-1.971
1992年I～2015年III	-1.012	-2.513

(注) 有意水準は Davidson and MacKinnon (1993, p.722, Table 20.2) による。ただし同表では定数項とトレンドがともにない単位根検定の有意水準は示されていない。

表 A 7.2　Johansen の共和分検定の結果（トレース統計量）

推定期間	共和分の数に関する帰無仮説						
	$r=0$	$r\leq1$	$r\leq2$	$r\leq3$	$r\leq4$	$r\leq5$	$r\leq6$
1980年I～1991年IV	317.410 ***	179.897 ***	127.992 ***	81.876 ***	47.943 *	19.731	8.164
1992年I～2015年III	490.824 ***	296.914 ***	191.260 ***	124.034 ***	61.261 ***	26.444 *	9.305

(注) 表中の***，**および*はそれぞれ0.1%，1%および5%でそれぞれの共和分の数に関する帰無仮説が棄却されることを表している。

参考文献

Abdelfattah, Y. M., Abu-Qarn, A. S., Dunne, P., and Zaher S. (2014) "The Demand for Military Spending in Egypt," *Defence and Peace Economics*, Vol.25, No.3, pp.231-245, DOI: 10.1080/10242694.2013.763454.

Aschauer, D. A. (1985) "Fiscal Policy and Aggregate Demand," *American Economic Review*, Vol.75, No.1, pp.117-127.

Ai, C. and Edward, C. N. (2003) "Interaction Terms in Logit and Probit Models," *Economics Letters*, Vol.80, No.1, pp.123-129.

Alexander, W. R. J. (1990) "The Impact of Defence Spending on Economic Growth: A Multi-Sectoral Approach to Defence Spending and Economic Growth with Evidence from Developed Economies," *Defence Economics*, Vol.2, pp.39-55.

安藤潤（1994a）『米国国防支出の経済政策論的考察』早稲田大学大学院経済学研究科修士論文。

安藤潤（1994b）「米国国防支出関数に関する考察」安藤潤『米国国防支出の経済政策論的考察』早稲田大学大学院経済学研究科修士論文第1章。

安藤潤（1994c）「米国国防支出と経済成果に関する考察」安藤潤『米国国防支出の経済政策論的考察』早稲田大学大学院経済学研究科修士論文第3章。

安藤潤（1995）「R. スミス・モデルによる日本の軍事支出行動と安全保障に関する実証分析」『早稲田経済学研究』第41号, pp.43-58。

安藤潤（1997）「極東アジアにおける日本の防衛支出行動に関する経済学的分析」日本経済政策学会編『日本経済政策学会年報』第45号, pp.121-124。

安藤潤（1998a）「日本における防衛部門経済の外部性効果」『早稲田経済学研究』第46号, pp.1-13。

安藤潤（1998b）「日本における防衛部門経済の外部性効果に関するより詳細な分析」『早稲田経済学研究』第47号, pp.1-13。

安藤潤（1999）「クリントン政権下の財政政策：米国経済は「平和の配当」を享受してきたのか」『昭和大学教養部紀要』第30巻, pp.1-8。

安藤潤（2002）「日本の経済成長と日米安全保障条約に関する一考察〜米国軍事支出からのスピル・インに関する externality effect の実証分析」諏訪貞夫教授古希記念論文集刊行委員会編『諏訪貞夫教授古希記念論文集　日本経済の新たな進路―実証分析による解明―』, 文眞堂, pp.215-228。

安藤潤（2005）「米国における政府支出と民間消費の代替性に関する防衛経済学的考察―年次及び四半期データを用いた Evans and Karras モデルの実証分析―」『新潟国際情報大学情報文化学部紀要　第8号』, pp.51-75, 新潟国際情報大学情報文化学部紀要編集委員会。

安藤潤（2015）「米国における防衛部門経済‐産出高とマクロ経済成長――Feder モデルの推定とその改善」『新潟国際情報大学国際学部紀要』創刊準備号, pp.179-188。

安藤潤（2016）「米国における防衛部門経済の外部効果――四半期データを用いた冷戦期とポスト冷戦期の比較研究」『新潟国際情報大学国際学部紀要』創刊号, pp.15-38。

安藤潤（2016）「日本における防衛部門経済の外部効果――四半期データを用いた冷戦期とポスト冷戦期の比較研究」『新潟国際情報大学国際学部紀要』創刊号, pp.39-62。

Ando, J. (2017) "Externality of Defense Expenditure in the United States: A New Analytical Technique to Overcome Multicollinearity," *Defence and Peace Economics*, pp.1-15（DOI: 10.1080/10242694.2017.1293775）.

安藤詩緒（2007）「先進国と途上国における防衛支出と経済成長の因果関係」『MACRO ECONOMIC

REVIEW』第20号，第1・2巻，pp.55-61。

Ando, S. (2009) "The Impact of Defense Expenditure on Economic Growth: Panel Data Analysis Based on The Feder Model," *The International Journal of Economic Policy Studies*, Vol.4, pp.143-154.

Atesoglu, H. S. and Mueller, M. J. (1990) "Defence Spending and Economic Growth," *Defence Economics*, Vol.2, pp.19-27.

Bailey, M. J. (1971) *National Income and the Price Level: A Study in Macroeconomic Theory.* Second Edition. New York : McGraw-Hill.

Barro, R. J. (1981) "Output Effects of Government Purchases," *Journal of Political Economy*, Vol.89, No.6, pp.1086-1121.

Becker, A. S. (1998) "Soviet defense spending Comparative Economic Studies," Vol.40, No.4, pp.101-112.

Brambor, T., William, C. and Golder, M.. (2006) "Understanding Interaction Models: Improving Empirical Analysis," *Political Analysis*, Vol.14, No.1, pp.63-82.

Campbell, J. Y. and Mankiw, N. G. (1990) "Permanent Income, Current Income, and Consumption," *Journal of Business & Economic Statistics*, Vol.8, No.3, pp.265-279.

Cushing, M. T. (1992) "Liquidity Constraints and Aggregate Consumption Behavior," *Economic Inquiry*, Vol.30, pp.134-153.

Davidson, R. and Mackinnon, J. G. (1993) *Estimation and Inference in Econometrics.* New York: Oxford University Press.

DeGrasse, R. W. Jr. (1983) *Military Expansion and Economic Decline: The Impact of Military Spending on U.S. Economic Performance.* Armonk: M. E. Sharpe.

DeRouen, K. Jr. (2000) "The Guns-Growth Relationship in Israel," *Journal of Peace Research*, Vol.37, No.37, pp.69-83.

Dudkin, L. and Vasilevsky, A. (1987) "The Soviet Military Burden: A Critical Analysis of Current Research," *Hitotsubashi Journal of Economics*, Vol.28, No.1, pp.41-61, DOI: info:doi/10.15057/7859.

Dunne, J. P., Smith, R. P., and Willenbockel, D. (2005) "Models of Military Expenditure and Growth: A Critical Review," *Defence and Peace Economics*, Vol.16, No.6, pp.449-461.

Engle, R. F. and Granger, C. W. J. (1987) "Co-integration and Error Correction: Representation, Estimation and Testing," *Econometrica*, Vol.55, pp.251-276.

Evans, P. and Karras, G. (1996) "Private and Government Consumption with Liquidity Constraints," *Journal of International Money and Finance*, Vo. 1, No.2, pp.255-266.

Evans, P. and Karras, G. (1998) "Liquidity Constraints and the Substitutability between Private and Government Consumption : the Role of Military and Non-military Spending," *Economic Inquiry*, Vo. 36, pp.203-214.

Feder, G. (1983) "On Exports and Economic Growth," *Journal of Development Economics*, Vol.12, pp.59-73.

Feldstein, M. (1982) "Government Deficits and Aggregate Demand," *Journal of Monetary Economics*, Vol.9, pp.1-20.

Fisher, D., Fleissig, A. R. and Serletis, A. (2001) "An Empirical Comparison of Flexible Demand System Functional Forms," *Journal of Applied Econometrics*, Vol.16, pp.59-80.

Flavin,M.A.(1981) "The Adjustment of Consumption to Changing Expectations about Future Income," *Journal of Political Economy*, Vol.89, No.5, pp.974-1009.

Fleissig, A. R. and Rossana, R. J.（2003）"Are Consumption and Government Expenditures Substitute or Complements? Morishima Elasticity Estimates from Fourrier Flexible Form," *Economic Inquiry*, Vo. 41, No.1, pp.132-146.
Gold, D.（1993）"Military Spending and Investment in the United States," In Brauer, J. and Chatterji, M.（eds.）*Economic Issues of Disarmament*, New York: New York University Press, pp.288-303.
Gold, D.（1997）"Evaluating the Trade-off between Military Spending and Investment in the United States," *Defence and Peace Economics*, Vol.8, pp.251-266.
Graham, F. and Himarios, D.（1991）"Fiscal Policy and Private Consumption: Instrumental Variables Tests of the Consolidated Approach," *Journal of Money, Credit, and Banking*, Vol.23, No.1, pp.53-67.
Griffin, L. J., Wallace, M., and Devine J.（1982）"The political Economy of Military Spending: Evidence from the United States," *Cambridge Journal of Economics*, Vol.6, No.1, pp.1-14.
Hall, R. E.（1978）"Stochastic Implication of the Life Cycle-Permanent Income Hypothesis: Theory and Evidence," *Journal of Political Economy*, Vol.86, No.6, pp.971-986.
Hayashis, F.（1982）"The Permanent Income Hypothesis: Estimation and Testing by Instrumental Variables," *Journal of Political Economy*, Vol.90, No.5, pp.895-916.
Heo, U.（1997）"The Political Economy of Defense Spending in South Korea," *Journal of Peace Research*, Vol.34, No.1, pp.483-490.
Heo, U.（1998）"Modeling Defense-Growth Relationship around the Globe," *Journal of Conflict Resolution*, Vol.42, No.5, pp.637-657.
Heo, U.（2010）"The Relationship between Defense Spending and Economic Growth in the United States," *Political Research Quarterly*, Vol.63, No.4, pp.760-770.
Heo, U. and Derouen, K. Jr.（1998）"Military Expenditures, Technological Change, and Economic Growth in the East Asian NICs," *Journal of Politics*, Vol.60, No.3, pp.830-846.
Holzman, F. D.（1989）"Politics and Guesswork: CIA and DIA Estimates of Soviet Military Spending," *International Security*, Vol.14, No.2, pp.101-131.
Huang, C. and Mintz, A.（1990）"Ridge Regression Analysis of the Defence-Growth Tradeoff in the United State," *Defence Economics*, Vol.2, pp.29-37.
Huang, C. and Mintz, A.（1991）"Defence Expenditures and Economic Growth: The Externality Effect," *Defence Economics*, Vol.3, pp.35-40.
Johansen, S.（1988）"Statistical Analysis of Cointegration Vectors," *Journal of Economic Dynamics and Control*, Vol.12, pp.231-254.
Karras, G.（1994）"Government Spending and Private Consumption : Some International Evidence," *Journal of Money, Credit, and Banking*, Vol.26, No.1, pp.9-22.
国立社会保障・人口問題研究所（2017）『人口統計資料集』各年版（http://www.ipss.go.jp/syoushika/tohkei/Popular/Popular2017RE.asp?chap=0）
Kormendi,R.C.（1983）"Government Debt, Government Spending and Private Sector Behavior," *American Economic Review*,Vol.73,No.5, pp.994-1010.
小坂弘行（1994）『グローバル・システムのモデル分析――モデル分析の可能性への挑戦』有斐閣。
Koubi, V.（2005）"War and Economic Performance," *Journal of Peace Research*, Vol.42, No.1, pp.67-82.
Macnair, E. S., Murdoch, J. C., Pi, C. and Sandler, T.（1995）"Growth and Defense: Pooled Estimates for the NATO Alliance, 1951-1988," *Southern Economic Journal*, Nol. 61, No.3, pp.846-860.

Majeski, S. J. (1983) "Mathematical Models of the U.S. Military Expenditure Decision-making Process," *American Journal of Political Science*, Vol.27, No.3, pp.485-514.

Mueller, M. J. and Atesoglu, H. S. (1993) "Defense Spending, Technological Change, and Economic Growth in the United States," *Defence Economics*, Vol.4, pp.259-269.

Mintz, A. and Stevenson, R. (1995) "Defence Expenditures, Economic Growth, and the 'Peace Dividend': A Longitudinal Analysis of 103 Countries," *Journal of Conflict Resolution*, Vol.39, No.2, pp.283-305.

宮崎勇 (1964)『軍縮の経済学』岩波書店。

Malizard, J. (2015) "Does Military Expenditure Crowd Out Private Investment? A Disaggregated Perspective for the Case of France," *Economic Modelling*, Vol.46, pp.44-52.

Mueller, M. J. and Atesoglu, H. S. (1993) "Defense Spending, Technological Change, and Economic Growth in the United States," *Defense Economics*, 4 (4), pp.259-269.

Ni, S. (1995) "An Empirical Analysis on the Subsitutability between Private Consumption and Government Purchases," *Journal of Monetary Economics*, Vol.36, pp.593-605.

Nincic, M. and Cusack, T. R. (1979) "The Political Economy of US Military Spending," *Journal of Peace Research*, Vol.16, No.2, pp.101-115.

日本平和学会編集委員会編『平和学の数量的方法』早稲田大学出版会。

西川俊作 (1984)「防衛支出は拡大すべきか」日本平和学会編集委員会編『平和学の数量的方法』早稲田大学出版会, pp.125-147。

丹羽春喜 (1982)『ソ連軍拡経済の研究』産業能率大学出版部。

丹羽春喜 (1989)『ソ連軍事支出の推計』原書房。

Norton, E. C., Hua, W., and Ai, C. (2004) "Computing Interaction Effects and Standard Errors in Logit and Probit Models," *Stata Journal*, Vol.4, No.2, pp.154-167.

Ostrom, C. W. (1978) "A Reactive Linkage Model of the Defense Expenditure Policymaking Process," *American Political Science Review*, Vol.72, pp.941-957.

Ostrom, C. W. and Marra, R. F. (1986) "U.S. Defense Spending and the Soviet Estimate," *American Political Science Review*, Vol.80, No.3, 819-842.

Poast, P. (2006) *The Economics of War*. New York: McGraw-Hill.

Ram, R. (1986) "Government Size and Economic Growth: A New Framework and Some Evidence from Cross-section and Time-series Data," *American Economic Review*, Vol.76, No.1, pp.191-203.

Robert, W. and Alexander, J. (1990) "The Impact of Defence Spending on Economic Growth: A Multi-Sectoral Approach to Defence Spending and Economic Growth with Evidence from Developed Economies," *Defence Economics*, Vol.2, pp.39-55.

坂井昭夫 (1988)『日本の軍拡経済』青木書店。

Scott, J. P. (2001) "Does UK Defence Spending Crowd-out Private Sector Investment?" *Defence and Peace Economics*, Vol.12, pp.325-336.

Seiglie, C. (1998) "Defence Spending in a Neo-Recardian World," *Economica*, Vol.65, pp.193-210.

Sezgin, S. and Yildirim, J. (2002) "The Demand for Turkish Defence Expenditure," *Defence and Peace Economics*, Vol.13, No.2, pp.121-128, DOI: 10.1080/10242690210973.

Smith, R. P. (1977) "Military Expenditure and Capitalism," *Cambridge Journal of Economics*, Vol.1, pp.61-76.

Smith, R. P. (1980a) "Military Expenditure and Investment in OECD Countries, 1954-73," *Journal of Comparative Economics*, Vol.4, pp.19-32.

Smith, R. P. (1980b) "The Demand for Military Expenditure," *Economic Journal*, Vol.90, No.360, pp.811-820.

Smith, R. P. (1987) "The Demand for Military Expenditure: A Correction," *Economic Journal*, Vol.97, No.388, pp.989-990.

Solomon, B. (2005) "The Demand for Canadian Defence Expenditures," *Defence and Peace Economics*, Vol.16, No.3, pp.171-189, DOI: 10.1080/10242690500123380.

Steinberg. D. (1990) "Trends in Soviet Military Expenditure," *Soviet Studies*, Vol.42, No.4, pp.675-699.

Steiner, J. E. and Holzman, F. D. (1990) "CIA Estimates of Soviet Military Spending," *International Security*, Vol.14, No.4, pp.185-198.

田中直毅（1982）『軍拡の不経済学』朝日新聞社。

Ward, M. D., Davis, D. R., and Lofdahl, C. L. (1995) "A Century Tradeoffs: Defense and Growth in Japan and the United States," *International Studies Quarterly*, Vol.39, No.1, pp.27-50.

財務省（2017）『財政統計』(http://www.mof.go.jp/exchequer/reference/receipts_payments/index.htm)

Zeeman, E. C. (1977) *Catastrophe Theory: Selected Papers*, 1972-1977, Boston: Addison-Wesley Publishing Campany.

Zuk, G. and Woodbury, N. R. (1986) "U.S. Defense Spending, Electoral Cycles, and Soviet-American Relations," *Journal of Conflict Resolution*, Vol.30, No.3, pp.445-468.

索引

【アルファベット】

ADF 検定　9, 12-13, 17, 23, 28-29, 32, 35, 44, 65-68, 70, 75-76, 102-105, 107, 110, 130-131, 148, 154, 157, 160, 167, 176-177, 179, 184, 187, 190, 198, 208

Breusch-Godfrey の LM 検定統計量　31, 33, 36-39, 45, 71, 73, 75, 79-80, 82, 84, 106, 109, 113, 116-117, 135, 137-138, 156, 159, 161, 169, 191, 200

Breusch-Pagan 検定統計量　14, 16, 18, 20, 30-32, 34, 36-39, 45, 69, 73, 75, 79, 83, 85, 105-106, 109, 113, 116-117, 132, 134-135, 137-138, 142, 155-156, 158, 162, 168-169, 185-186, 188-189, 191, 199-200

Durbin-Watson 検定統計量　14, 16, 18, 20, 30, 45, 69, 71, 73, 75, 78, 80, 82, 84, 105, 109, 113, 116-117, 132, 134-135, 137-138, 142, 155-156, 158-159, 161, 168, 185-186, 188-189, 191-192, 199-200

ECM　4, 18-20, 24, 33, 36, 38, 60-61, 70, 78, 80-82, 84-86, 98, 113-116, 147, 160, 179, 190-191

ECT　9, 18, 20, 24, 33, 37, 39, 61, 78-80, 83, 85-86, 113, 116-117, 157, 161, 188, 191

externality effect　120

Feder-Ram モデル　120-121, 124-127, 145, 147-150, 162, 164, 176, 178-180, 193, 195, 207

F 検定統計量　14, 16, 18, 20, 30-32, 34, 37, 39, 45-46, 69, 75, 86, 105, 132-134, 136-137, 139, 143, 155-156, 159, 161, 168-169, 185-187, 189-190, 192, 199-200

Jarque-Bera 検定統計量　14, 16, 18, 20, 30-32, 34, 36-39, 45, 69, 72-73, 75, 79, 81-82, 84, 105-106, 109, 113, 116-117, 132, 134-135, 137-138, 142, 155-156, 158-159, 161, 168-169, 185, 188-189, 191-192, 199-200

Johansen の共和分検定　61, 76-79, 111-112, 163, 176-177, 190, 208

moderator　139

Morishima 代替性　55

Newey-West の一致性のある推定　69, 72, 74-75, 79, 81, 83, 85, 106, 109, 113, 116-117, 134, 137, 156, 159, 162, 169, 186, 188-189, 192, 200

simple slope　139, 164

SIPRI　11, 25, 27

VIF　121, 127, 133-137, 139, 142, 149-150, 155-156, 158-159, 161-162, 168-169, 180, 187-188, 191, 193, 199-200

White 検定統計量　69, 72, 79, 81, 85, 105, 109, 117, 132, 155, 159, 161, 168-169, 185, 192, 199-200

【あ】

安全保障　1, 2-3, 5, 7, 10, 15, 21-22, 27, 34, 37, 40, 92, 121, 179
　——環境　11, 17, 20, 24, 26, 35, 93
　——関数　6, 19
　——効果　120-121, 178, 194

【か】

外部効果　120-127, 134, 145, 147-149, 151, 156, 162-163, 165, 169, 178-180, 182, 186-187, 189-190, 192-196, 200, 207

拡張版 Dickey-Fuller 検定　9, 23, 44, 65, 102, 130, 148, 167, 176, 179, 198

カタストロフ・モデル　2

供給効果　120-121, 178, 194

共和分　9, 23, 40, 49, 61, 68, 70, 76-79, 85, 98, 111-112, 118, 130-131, 146-147, 150, 160, 162-164, 177, 179, 187, 190, 195, 208

クラウディング・アウト　118

索　引

——効果　49, 92, 96, 106, 109-110, 114, 116-119
クラウディング・イン効果　106, 110, 114, 116-117, 119
クラウド・アウト　92, 94, 96-97, 109, 118-120
クラウド・イン　53, 96-97, 118-119
軍産複合体　121
軍需産業　43, 120
経済政策　146-147, 178
ケインジアン　52
ケインズ経済学　48, 194
限界効用　56, 58-59
限界代替率　58
公債の中立命題　48
恒常所得仮説　52, 54
効用　48, 50-51, 53-58
合理的期待形成　52
誤差修正項　9, 17, 24, 33, 40, 61, 118, 157, 188
誤差修正モデル　4, 9, 21, 24, 33, 38, 40, 60, 98, 118, 147, 157, 162, 177, 179-180, 187, 193, 208

【さ】

作用・反作用モデル　1
社会的厚生最大化モデル　1-4, 21, 23, 40-41
習慣持続的　57
需要効果　120, 178, 194
新古典派経済学　49
ストックホルム国際平和研究所　11, 25, 27
スピル・イン　124
スピン・オフ　121, 178, 194
政策的インプリケーション　141, 145, 148, 180, 208
戦争関与度　42, 44, 46
総需要拡大効果　48
相対価格　4, 8, 15-16, 20-21, 28, 31-32, 34-35, 37, 39-40
増分主義　42, 46

【た】

代替性　48-55, 57-59, 86-87
代替的　48, 53, 58-59, 69, 75, 81, 85-87
大統領選挙サイクル　42-44, 46
多重共線性　121, 124-125, 127, 134-135, 137, 139, 142, 145, 147, 149-150, 157-159, 162, 169, 176, 179-180, 187, 189, 193, 200, 207
ただ乗り　3, 8, 20, 34
ただ乗り国　2, 21, 31
単位根　9, 12-13, 17, 23, 28-29, 33, 35, 38, 44, 61, 66-67, 70, 75-76, 78-79, 98, 102-105, 107, 110, 130-131, 154, 157, 167, 176, 184, 187, 198, 208
——検定　9, 12-13, 17, 23, 26, 28-29, 32, 35, 44, 61, 65, 70, 75, 78-79, 85, 102, 104, 118, 130, 146-148, 154, 157, 160, 162, 164, 167, 176, 179, 184, 187, 190, 195, 198
単純傾斜　139, 140, 143, 145, 163-164, 170, 195, 201
地政学モデル　1
調整係数　139
追従国　21
定常　9, 23, 70
独立性　87
独立的　58, 85-86
トレース統計量　76-77, 111-112, 163, 177, 190, 208
トレード・オフ　92-93, 95-96, 119

【は】

非ケインズ効果　85
標準化　121, 125, 127-131, 135-136, 138-140, 143, 145, 147, 150, 153, 157, 162, 165-167, 171, 176, 180-181, 183, 187, 189, 193, 196-197, 207
フォロワー　21, 34, 39-40
不可分性　51, 53-54, 56-58
部分耐久的　57
部分調整モデル　8
フリー・ライダー　21, 31-32, 34, 37, 39-40
プレディクター・モデル　1, 41, 46
分散増幅因子　121, 149, 169, 180, 200
防衛経済学　1, 48, 54-55, 93, 121, 125, 147, 149, 179
防衛支出需要関数　1-2, 4, 8, 21, 23, 40-41, 46-47
補完性　48-49, 51-55, 57, 59, 70, 86-87
補完的　48, 55, 58-59, 69-70, 72, 74-75, 79, 81, 83, 85-87

【ま】

マルタ会談　1
見せかけの回帰　9, 130-131, 146, 154, 157, 167,
　　177, 184, 187, 199, 208

【や】

有効消費　49-52, 54, 57-60

【ら】

ラグランジュ関数　5
ランダムウォーク　59
リアクティヴ・リンケージモデル　1
リカードの等価定理　48-49, 51-52
リチャードソン・モデル　1, 41, 47
流動性制約仮説　48, 52, 54

著者略歴

安藤　潤（あんどう・じゅん）

1968年大阪府生まれ。1988年早稲田大学政治経済学部経済学科卒業。2000年早稲田大学大学院経済学研究科応用経済学専攻経済政策専修博士後期課程単位取得満期退学。財団法人国際通信経済研究所嘱託研究員，ハインリッヒ・ハイネ大学デュッセルドルフ客員研究員，コーネル大学客員研究員などを経て，現在，新潟国際情報大学国際学部准教授。専門は経済政策，防衛経済学，家計経済学。（主要業績）安藤潤（2017）『アイデンティティ経済学と共稼ぎ夫婦の家事労働行動——理論，実証，政策』文眞堂，Ando, J.(2015) "Social Norms, Gender Identity, and High-Earning Wives' Housework Behavior in Japan: An Identity Economics Framework," *Japanese Political Economy*, Vol. 41, No.1-2, pp.36-51, Ando, J. (2017) "Externality of Defense Expenditure in the United States: A New Analytical Technique to Overcome Multicollinearity," *Defence and Peace Economics*, DOI: 10.1080/10242694.2017.1293775. など。

ポスト冷戦期における日米防衛支出の実証分析

2018年3月31日　第1版第1刷発行　　　　　　　　　検印省略

著　者　安　藤　　　潤

発行者　前　野　　　隆

発行所　株式会社　文　眞　堂

東京都新宿区早稲田鶴巻町533
電話 03 (3202) 8480
FAX 03 (3203) 2638
http://www.bunshin-do.co.jp
郵便番号(162-0041) 振替00120-2-96437

印刷・モリモト印刷　製本・イマキ製本所
©2018
定価はカバー裏に表示してあります
ISBN978-4-8309-4989-0　C3033

〈好評既刊〉

アイデンティティ経済学と共稼ぎ夫婦の家事労働行動
―― 理論，実証，政策 ――

安藤　潤　著

ISBN978-4-8309-4924-1 ／ A5判・144頁／定価2400円＋税／2017年2月発行

働く妻のジェンダー行動規範を経済学で解明！

日本の共稼ぎ夫婦の妻になぜ家事労働は偏るのか？　本書はノーベル経済学賞受賞者アカロフがクラントンとともに提唱するアイデンティティ経済学を理論的フレームワークとして様々なアンケート調査から得られた個票データを用いた実証分析によりジェンダー・ディスプレイ仮説を検証し，その要因を解明して政策的インプリケーションを導出する。

【主要目次】

- 第1章　アイデンティティ経済学
- 第2章　JPSC2008を用いた共稼ぎ夫婦の家事労働行動
- 第2章　補論　共稼ぎ夫婦の外食・中食利用と家事労働削減―JGSS-2006を用いた実証分析を中心に―
- 第3章　JPSC2000―2008パネルデータを用いた常勤職で働き稼ぐ夫婦の妻の家事労働行動
- 第4章　JPSC2000―2008パネルデータを用いた共稼ぎ夫婦の妻の家事労働行動
- 第5章　JPSC2000―2008を用いたAkerlof and Kranton仮説の検証
- 第6章　日本の共稼ぎ夫婦のジェンダー・アイデンティティ喪失と家事労働分担行動におけるジェンダー・ディスプレイ
- 第7章　共稼ぎ夫婦の家事労働分担行動に関するジェンダー・ディスプレイ：家事生産アプローチからの実証分析